中等职业教育规划教材

有机化学练习册

柳　阳　主编
杨永杰　主审

班级_____

姓名_____

中等职业教育规划教材

有机化学练习册

柳　阳　主编
杨永杰　主审

班级_____

姓名_____

第二章 烷烃

A组 练习题

一、填空题

1. 甲烷与氯气的光照取代反应产物共有_____种，只有_____是气态产物，常作麻醉剂的是_____。
2. 烷烃习惯命名法中，碳原子个数在10以内分别用_____、_____、_____、_____、_____、_____、_____、_____、_____表示。
3. 写出含有200个氢原子的烷烃分子式_____。
4. 0.1mol某烷烃和氧气完全燃烧，消耗标准状况下的O_2 11.2L，该烷烃分子式为_____。
5. 分子量为72的烷烃，其分子式是_____。
6. 烷烃的物理性质一般随分子中_____数的递增而发生规律性的变化，如常温下它们的状态是由_____态到_____态，沸点逐渐_____，液态时的密度逐渐_____，但都_____水的密度。

二、选择题

1. 工业上制取一氯乙烷（CH_3CH_2Cl）应采用（　　）。
   A. 由乙烯和氯气在一定条件下发生加成反应
   B. 由乙烯和氯化氢在一定条件下发生加成反应
   C. 由乙烷和氯气在一定条件下发生取代反应
   D. 由乙烷和氯气在一定条件下发生加成反应
2. 1828年，打破无机物与有机物间鸿沟的科学巨匠维勒，他将一种无机盐直接转变为有机物尿素。这位科学家使用的无机盐是（　　）。
   A. $(NH_4)_2CO_3$　　　B. NH_4NO_3　　　C. CH_3COONH_4　　　D. NH_4OCN
3. 在C_6H_{14}的所有同分异构体中，所含甲基数目和它的一氯取代物的数目与下列叙述相符的是（　　）。

  A. 2个甲基，能生成 4 种一氯代物   B. 3个甲基，能生成 4 种一氯代物

  C. 3个甲基，能生成 5 种一氯代物   D. 4个甲基，能生成 4 种一氯代物

4. 下列说法正确的是（　　）。

  A. 燃烧后能生成 CO_2 和 H_2O 的有机物，一定含有碳、氢、氧三种元素

  B. 如果两种有机物的各组成元素的含量都相同，而性质并不相同，它们一定互为同分异构体

  C. 属于同分异构体的物质，其分子式相同，分子量相同，但分子量相同的不同物质不一定是同分异构体

  D. 分子组成相差一个或几个 CH_2 原子团的物质是同系物

5. 下列烷烃沸点最高的是（　　）。

  A. $CH_3(CH_2)_6CH_3$ B. $CH_3(CH_2)_4CH(CH_3)_2$

  C. $(CH_3)_2CHCH_2CH(CH_3)_2$ D. $CH_3(CH_2)_5CH_3$

6. 所有同系物都具有（　　）。

  A. 相同的分子量   B. 相同的物理性质   C. 相同的化学性质   D. 相同的最简式

7. 将作物秸秆、垃圾、粪便等"废物"在隔绝空气的条件下发酵，会产生大量的可燃性气体。这项措施既减少了"废物"对环境的污染，又开发了一种能作生活燃料的能源。这种可燃性气体的主要成分是（　　）。

  A. CH_4 B. CO_2 C. CO D. H_2

8. 等物质的量 CH_4 与 Cl_2 混合，光照后生成物中物质的量最多的是（　　）。

  A. CH_3Cl B. CH_2Cl_2 C. CCl_4 D. HCl

9. 下列五种烃：①2-甲基丁烷；②2,2-二甲基丙烷；③戊烷；④丙烷；⑤丁烷。按它们的沸点由高到低的顺序排列正确的是（　　）。

  A. ①②③④⑤   B. ②③④⑤①   C. ④⑤②①③   D. ③①②⑤④

10. 下列物质中不属于有机物的是（　　）。

  A. CH_4 B. $KSCN$ C. C_2H_5OH D. $CaCO_3$

11. 下列有机物的命名正确的是（　　）。

  A. 4-甲基-4,5-二乙基己烷   B. 2,2,3-三甲基丙烷

  C. 3-乙基戊烷   D. 3,4-二甲基-2-乙基庚烷

12. 烷烃的系统命名分四个部分：①主链名称；②取代基名称；③取代基位置；④取代基数目。这四部分在烷烃命名规则的先后顺序为（　　）。

  A. ①②③④   B. ③④②①   C. ③④①②   D. ①③④②

13. 某气态烃的分子式是 C_xH_8，该烃在氧气中完全燃烧生成二氧化碳的体积是相同条件下该烃体积的 3 倍，则 x 值是（　　）。

  A. 2   B. 3   C. 4   D. 5

14. 下列叙述中错误的是（　　）。

  A. 点燃前甲烷不必验纯

  B. 甲烷燃烧能放出大量的热，所以是一种很好的气体燃料

  C. 煤矿的矿井要注意通风和严禁烟火，以防爆炸事故的发生

  D. 在空气中，将甲烷加热到 1000℃ 以上，能分解成炭黑和氢气

三、用系统命名法命名下列各化合物

1. 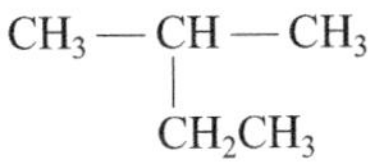 CH₃—CH—CH₃
       |
       CH₂CH₃

2. 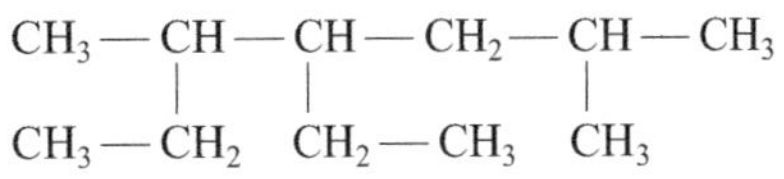 CH₃—CH—CH—CH₂—CH₃
       | | |
       CH₃—CH₂ CH₂—CH₃ CH₃

3. 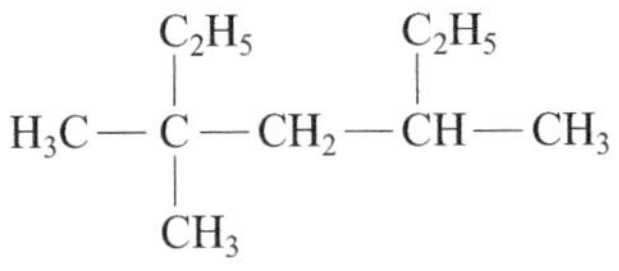 H₃C—C—CH₂—CH—CH₃
       | |
       C₂H₅   C₂H₅
       |
       CH₃

4. 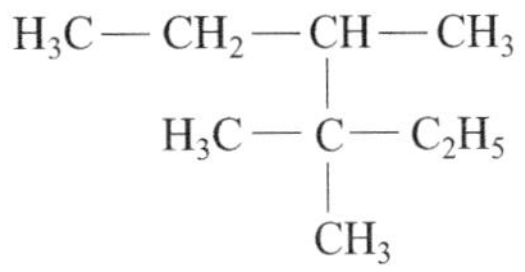 H₃C—CH₂—CH—CH₃
            |
       H₃C—C—C₂H₅
            |
            CH₃

5. 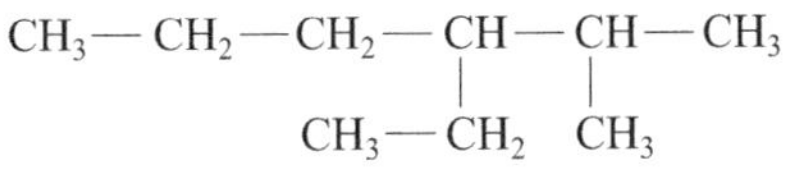 CH₃—CH₂—CH₂—CH—CH—CH₃
                    | |
                    CH₃—CH₂ CH₃

四、根据名称写出下列化合物的构造式

1. 2,2-二甲基丙烷

2. 3-甲基-3-乙基庚烷

3. 2,2,3-三甲基丁烷

4. 3-乙基戊烷

5. 3-甲基己烷

五、推断题

1. 某烷烃有三种同分异构体，分子量为72，氯化时，A 只得一种一氯化产物，B 得到三种一氯化产物，C 得到四种一氯化产物，分别写出三种同分异构体的构造式。

A 的结构式是 _____。

B 的结构式是 _____。

C 的结构式是 _____。

2. 写出 C_7H_{16} 的所有同分异构体的结构简式并命名。并回答：
  (1) 在这些同分异构体中，最多含甲基_____个；最少含甲基_____个。
  (2) 含有 3 个甲基的同分异构体有_____种。
  (3) 含 4 个甲基的同分异构体有_____种。
  (4) C_7H_{16} 共有_____种同分异构体。

3. 某化合物 A 的化学式为 $C_5H_{11}Cl$，分析数据表明，分子中有两个 —CH_3，两个 —CH_2—、一个 —CH— 和一个 —Cl。它的可能结构只有四种。请写出这四种可能的结构简式。
  (1) _____； (2) _____；
  (3) _____； (4) _____。

4. 燃烧法是测定有机化合物化学式的一种重要方法。现在完全燃烧 0.1mol 某烷烃，燃烧产物依次通过下图所示的装置，实验结束后，称得甲装置增重 10.8g，乙装置增重 22g。求该烃的化学式，该烷烃有几种同分异构体？

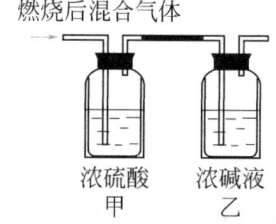

5. 一卤代物只有一种的烷烃，其分子结构有"球形"（A）和"椭球形"（B）两类，它们的组成有一定的规律性，A 类是以甲烷分子为母体，用甲基经过多次循环处理后制得的；B 类是以乙烷分子为母体，用甲基多次循环处理后制得的。
  写出四种碳原子数在 10 之内，一卤代烃只有一种的烷烃的结构简式。
  (1) _____； (2) _____；
  (3) _____； (4) _____。

六、计算题

1. 某烷烃发生氯化反应，其一氯化物只有一种，7.2g 该烃进行氯化反应完全转化为一氯化物时，放出的气体可使 500mL 0.2mol/L 烧碱溶液恰好完全中和。计算该烃分子式并写出结构简式。

2. 某气态烷烃在标准状况下的密度为1.34g/L，其中氢元素的质量分数为20%，求烃的分子式。

B组
练习题

一、填空题

1. 丁烷有_____种同分异构体，习惯命名称为_____和_____。
2. 戊烷有_____种同分异构体，习惯命名法分别称为_____、_____、_____。
3. 新戊烷的一氯代物有_____种同分异构体。
4. 在常温下，碳原子数在_____以下的烷烃为气体。
5. 甲烷的分子式为_____，每个碳氢键的键角为_____。

二、选择题

1. 氯仿可用作全身麻醉剂，但在光照条件下，易被氧化生成剧毒的光气（$COCl_2$）：

$$2CHCl_3 + O_2 \xrightarrow{\text{光}} 2HCl + 2COCl_2$$

为防止发生医疗事故，在使用前要先检查是否变质。下列哪种试剂用于检验效果最好？（　　）

A. 烧碱溶液　　　　B. 溴水　　　　C. KI 淀粉溶液　　　　D. $AgNO_3$ 溶液

2. 二氟甲烷是性能优异的环保产品，它可替代某些会破坏臭氧层的"氟里昂"产品，用作空调、冰箱和冷冻库等中的制冷剂。试判断二氟甲烷的结构简式有（　　）。

A. 有4种　　　　B. 有2种　　　　C. 有3种　　　　D. 只有1种

3. 若甲烷与氯气以物质的量比为1∶3混合，在光照下得到的产物：①CH_3Cl；②CH_2Cl_2；③$CHCl_3$；④CCl_4。其中正确的是（　　）。

A. 只有①　　　　　　　　　　　　B. 只有③
C. ①②③的混合物　　　　　　　　D. ①②③④的混合

4. 进行一氯取代反应后，只能生成二种沸点不同的有机物的烷烃是（　　）。

A. $(CH_3)_2CHCH_2CH_3$　　　　　　B. $(CH_3CH_2)_2CHCH_3$
C. $(CH_3)_2CHCH(CH_3)_2$　　　　　D. $(CH_3)_3CCH_2CH_3$

5. 下列说法错误的是（　　）。

①化学性质相似的有机物是同系物；②在分子组成上相差一个或若干个 CH_2 原子团的有机物是同系物；③若烃中碳、氢元素的质量分数相同，它们必定是同系物；④互为同分异构体的两种有机物的物理性质有差别，但化学性质必定相同。

A. ①②③④　　　B. 只有②③　　　C. 只有③④　　　D. 只有①②③

6. 在常温、常压下，取下列四种气态烃各 1mol，分别在足量的氧气中燃烧，消耗氧气最多的是（　　）。

A. CH_4　　　B. C_3H_8　　　C. C_4H_{10}　　　D. C_2H_6

7. 下列事实能证明甲烷分子是以碳原子为中心的正四面体结构的是（　　）。

A. CH_2Cl_2 有两种不同的结构　　　B. 在常温常压下 CH_2Cl_2 是液体
C. CH_2Cl_2 只有一种空间结构　　　D. CH_2Cl_2 是一种极性分子

8. 某同学写出的下列烷烃的名称中，不正确的是（　　）。

A. 2,3-二甲基丁烷　　　B. 2,2-二甲基丁烷
C. 3-甲基-2-乙基戊烷　　　D. 2,2,3,3-四甲基丁烷

9. 下列烷烃中，进行一氯取代反应后，只能生成三种沸点不同的有机产物的是（　　）。

A. $(CH_3)_2CHCH_2CH_3$　　　B. $(CH_3CH_2)_2CHCH_3$
C. $(CH_3)_2CHCH(CH_3)_2$　　　D. $(CH_3)_3CCH_2CH_3$

10. $CH_3CH(C_2H_5)CH(CH_3)_2$ 的名称是（　　）。

A. 1,3-二甲基戊烷　　　B. 2-甲基-3-乙基丁烷
C. 3,4-二甲基戊烷　　　D. 2,3-二甲基戊烷

11. 在 120℃ 时，某混合烃和过量 O_2 在一密闭容器中完全反应，测知反应前后的压力没有变化，则该混合烃可能是（　　）。

A. CH_4 和 C_2H_4　　　B. C_2H_2 和 C_2H_4
C. C_2H_4 和 C_2H_6　　　D. C_3H_4 和 C_3H_6

12. 2005 年 1 月 14 日，成功登陆土卫六的"惠更斯"号探测器发回了 350 张照片和大量数据。分析指出，土卫六"酷似地球经常下雨"，不过"雨"的成分是液态甲烷。下列关于土卫六的说法中，不正确的是（　　）。

A. 土卫六上存在有机分子　　　B. 地表温度极高
C. 地貌形成与液态甲烷冲刷有关　　　D. 土卫六上形成了甲烷的气液循环系统

13. 甲烷气体在氧气中燃烧生成二氧化碳和水的实验事实说明（　　）。

A. 甲烷的分子式为 CH_4　　　B. 甲烷气体中含碳元素和氢元素
C. 甲烷气体中只含有碳元素和氢元素　　　D. 甲烷的化学性质比较稳定

三、用系统命名法命名下列各化合物

1. $CH_3\text{—}\underset{\underset{CH_3}{|}}{\overset{\overset{H_2C\text{—}CH_3}{|}}{C}}\text{—}CH_3\ \ CH_2\text{—}\underset{\underset{CH_3}{|}}{\overset{}{CH}}\text{—}CH_2\text{—}\underset{\underset{CH_3}{|}}{\overset{}{CH}}\text{—}CH_3$

2. $C_2H_5\text{—}\underset{\underset{C_2H_5}{|}}{\overset{}{CH}}\text{—}\underset{\underset{CH_3}{|}}{\overset{}{CH}}\text{—}CH_2\text{—}CH_2\text{—}CH_3$

3. CH₃—CH—C—C—CH₂—CH₂—CH₃
   | | |
   CH₃ CH₃ CH₃
      CH₃ CH₂CH₃ (上)

（注：上面第3题结构中，中间两个碳上的取代基分别为 CH₃/CH₃ 和 CH₃/CH₂CH₃）

4. CH₃—CH₂—CH—CH—CH—CH₃
     | | |
     CH₃ CH₂CH₃ CH₃（上）

5. CH₃—CH—CH₂—CH—CH—CH₃
    | | |
    CH₃ CH₂ CH₃
        CH₃

四、根据名称写出下列化合物的构造式

1. 3-甲基戊烷

2. 2,3,5-三甲基-3,4-二乙基庚烷

3. 2,3-二甲基-4-乙基己烷

4. 2,2,3-三甲基丁烷

5. 2,2,3,3-四甲基丁烷

五、推断题

1. "立方烷"是一种新合成的烃，其分子为正立方体结构，其碳架结构如下图所示：

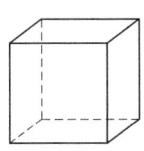

（1）写出立方烷的分子式_____。
（2）其二氯代物共有_____种同分异构体。

2. 有一种烃的结构与金刚石有类似之处而得名金刚烷，如下图所示：

(1) 与金刚烷互为同分异构体的烃的分子式_____。

(2) 金刚烷分子里有_____个—CH—，_____个—CH$_2$—结构，_____个六碳环。

3. 烷烃分子中的基团可能有四种：—CH$_3$、—CH$_2$—、—CH—、—C— 其数目分别用 a、b、c、d 表示，对烷烃（除甲烷外）中存在的关系作讨论：

(1) 下列说法正确的是_____。

　　A. a 的数目与 b 的数目的大小无关　　B. c 增加 1，a 就会增加 3

　　C. d 增加 1，a 就会增加 2　　　　　D. b 增加 1，a 就会增加 2

(2) 四种基团之间的关系为：$a=$_____（用 a、b、c、d 表示）。

(3) 若某烷烃分子中，$b=c=d=1$，则满足此条件的该分子的结构可能有_____种。

六、计算题

燃烧 2.2 g 某气态烷烃，生成 0.15 mol 二氧化碳和 3.6 g 水，标准状况下，该烃与二氧化碳的分子量相同。求该烃的分子式和名称。

第三章 不饱和烃

A组 练习题

一、填空题

1. 烯烃是分子里含有_____键的不饱和烃的总称。烯烃的通式为_____。
2. 烯烃能使高锰酸钾酸性溶液和溴的四氯化碳溶液褪色,其中与高锰酸钾发生的反应是_____反应;烯烃与溴发生的反应是_____反应。
3. 将有机物中非常活泼且极易发生化学反应的原子或原子团通常称为_____,烯烃的官能团是_____,炔烃的官能团是_____。
4. 3-甲基-1-戊烯与溴化氢发生反应,生成物的构造式为_____,此反应的反应类型为_____。
5. 写出下列常用烃基的化学式:丙烯基_____;乙烯基_____;烯丙基_____;异丙烯基_____。

二、选择题

1. 下列物质一定表示的是一种有机物的是（　　）。
   A. C_3H_6　　　　B. C_2H_4　　　　C. $\text{-}[CH_2\text{-}CH_2]_n\text{-}$　　　　D. C_2H_4O
2. 既可以用来鉴别乙烯和甲烷,又可用来除去甲烷中混有的乙烯的方法是（　　）。
   A. 通入足量溴水中　　　　　　　　B. 与足量的液溴反应
   C. 在导管中处点燃　　　　　　　　D. 一定条件下与 H_2 反应
3. 在相同条件下完全燃烧甲烷、丙烷、乙烯,如生成相同质量的水,则甲烷、丙烷、乙烯的体积比是（　　）。
   A. 1∶1∶1　　　　B. 1∶2∶1　　　　C. 2∶1∶1　　　　D. 2∶1∶2
4. 下列烯烃中,与HBr发生加成反应,反应活性最大的是（　　）。
   A. $CH_2{=}CH_2$
   B. $CH_3{-}CH{=}CH_2$
   C. $CH_3{-}\underset{\underset{CH_3}{|}}{C}{=}CH_2$
   D. $CH_2{-}CH{=}CH_2$
      　　　　　　　　　　　　　　　　　　　　　　　$|$
      　　　　　　　　　　　　　　　　　　　　　　　Cl
5. 按与 H_2SO_4 加成反应的难易程度,反应最容易的是（　　）。
   A. 乙烯　　　　B. 氯乙烯　　　　C. 2-丁烯　　　　D. 异丁烯

6. 下列物质中，不能使溴水和高锰酸钾酸性溶液褪色的是（　　）。
   A. C_2H_4 B. C_3H_6 C. C_5H_{12} D. C_4H_8

7. 下列各对物质中，互为同分异构体的是（　　）。
   A. $CH_3—CH_2—CH_2—CH_3$ 和 $CH_3—CH=CH—CH_3$
   B. $CH_3—CH=CH—CH_3$ 和 $CH_3—CH=C(CH_3)—CH_3$
   C. $CH_3—CH=CH—CH_3$ 和 $CH\equiv C—CH(CH_3)—CH_3$
   D. $CH_3—CH=CH—CH_3$ 和 $CH_3—CH_2—CH=CH_2$

8. 下列四种化合物经过催化加氢反应后，得不到2-甲基戊烷的是（　　）。
   A. $CH_3CH=CH—CH(CH_3)CH_3$
   B. $CH_3CH=C(CH_3)—CH_2CH_3$
   C. $CH_3C(CH_3)=CH—CH_2CH_3$
   D. $H_2C=C(CH_3)CH_2CH_2CH_3$

9. 既可以用来鉴别甲烷和乙烯，又可以用来除去甲烷中混有的少量乙烯的操作方法是（　　）。
   A. 将混合气通过盛酸性高锰酸钾溶液的洗气瓶
   B. 将混合气通过盛足量溴水的洗气瓶
   C. 将混合气通过盛蒸馏水的洗气瓶
   D. 将混合气跟适量氯化氢混合

10. 烯烃和卤化氢加成反应的速率由快到慢次序为（　　）。
    ①HF　②HCl　③HBr　④HI
    A. ①>②>③>④
    B. ①>②>④>③
    C. ④>③>②>①
    D. ②>①>④>③

三、用系统命名法命名下列各化合物

1. $CH_3CH_2C(=CH_2)—CH(CH_3)CH_3$

2. $(CH_3)_2CHC\equiv CC(CH_3)_3$

3. $CH_3—CH=C(CH_2CH_3)—CH(CH_3)CH_3$

4. $CH(Cl)=C(CH_3)—CH_2CH_3$

5. $CH_3—CH(CH_3)—CH=CH—CH(CH_3)—CH_3$

四、根据名称写出下列化合物的构造式

1. 3-甲基-1-戊炔

2. 2-甲基-1-溴丙烯

3. 对称甲基异丙基乙烯

4. 甲基异丙基乙炔

5. 异丙基乙炔

6. 甲基仲丁基乙炔

五、完成下列反应式

1. $CH_3-CH_2-\underset{\underset{CH_3}{|}}{C}=CH_2 + HCl \longrightarrow$

2. $CH_3-\underset{\underset{CH_3}{|}}{CH}-C\equiv CH \xrightarrow{KMnO_4, H_2O}$

3. $CH_3-CH_2-CH_2C\equiv CH \xrightarrow{Cu(NH_3)_2Cl}$

4. $C_{10}H_{21}C\equiv CH + Ag(NH_3)_2NO_3 \longrightarrow$

5. $CH_3CH_2C\equiv CH \xrightarrow[\text{稀}H_2SO_4]{HgSO_4}$

6. $CH_2=CH-CH=CH_2 + Cl_2 \xrightarrow{<0℃}$

7. $CH_3-C\equiv C-CH_3 \xrightarrow[\text{Lindlar催化剂}]{H_2}$

8. $CH_3-\underset{\underset{CH_3}{|}}{CH}-C\equiv CH + NaNH_2 \xrightarrow{\text{液氨}}$

9. ⟨环⟩—$CH_2Br \xrightarrow{CH\equiv CNa} \xrightarrow[H_2O]{HgSO_4/H^+}$

10. ⟨环戊烯⟩ + $Br_2 \xrightarrow{\text{高温}}$

六、用简便的化学方法鉴别下列各组化合物

1.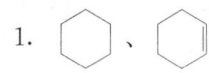

2. $CH_3CH=CHCH_3$、$CH\equiv CCH_2CH_3$

七、推断题

1. 有两个化合物 A 和 B，其分子式均为 C_5H_8，都可以使溴的四氯化碳溶液褪色，在催化下加氢都得到戊烷。A 与氯化亚铜碱性氨溶液作用生成棕红色沉淀，B 则不反应。试写出 A、B 和可能的构造式。

   A 的结构式是_____。
   B 的结构式是_____。

2. 某烯烃催化加氢得 2-甲基丁烷，加氯化氢可得 2-甲基-2-氯丁烷，试写出该烯烃的结构式。

   该烯烃的结构式是_____。

八、合成题

1. 以丙烯为原料合成 3-氯-1,2-二溴丙烷（试剂和条件任选）。

2. 以 1-戊炔为原料合成正戊烷（试剂和条件任选）。

3. 以 2-戊炔为原料，合成 2-戊烯（试剂和条件任选）。

B组
练习题

一、填空题

1. 丙烯、1-丁烯的结构简式分别是_____和_____。
2. 在一定的条件下，乙烯能发生_____反应，生成聚乙烯。
3. 在 500℃时，2-甲基丙烯与溴发生反应，生成产物的构造式为_____，此反应的反应类型是_____。
4. 炔烃在酸的催化下，和水发生反应，其产物是_____类，炔烃在 Hg^{2+} 催化下和水发生反应，反应产物是_____类。
5. 炔烃发生催化加氢反应时，若要使反应产物停留在烯烃阶段，则应使用的催化剂是_____。

二、选择题

1. 下列反应中，能够说明烯烃分子具有不饱和结构的是（　　）。
   A. 燃烧　　　　　B. 取代反应　　　　C. 加成反应　　　　D. 裂化反应
2. 我国渤海湾发现储量达 10 亿吨的大型油田，下列关于石油的说法正确的是（　　）。
   A. 石油属于可再生矿物能源　　　　B. 石油主要含有碳、氢两种元素
   C. 石油的裂化是物理变化　　　　　D. 石油分馏的各馏分均是纯净物
3. 下列有机物命名正确的是（　　）。
   A. $CH_3-CH-CH_2-CH_3$
       　　　$|$
       　　　CH_2-CH_3
       2-乙基丁烷
   B. $CH_3-C=CH_2$
       　　　$|$
       　　　CH_3
       2-甲基-2-丙烯
   C. $CH_3CH_2CH_2CH_2OH$
       1-丁醇
   D. $CH\equiv C-CH-CH_3$
       　　　　　$|$
       　　　　　CH_2-CH_3
       3-乙基-1-丁炔
4. 1mol 气态烃 A 最多和 2mol HCl 加成，生成氯代烷 B，B 与 Cl_2 发生取代反应，只生成 1 种一氯取代物。则 A 的分子式为（　　）。
   A. C_2H_2　　　　B. C_3H_4　　　　C. C_3H_6　　　　D. C_4H_6

5. 分子式为
$$CH_3-\overset{\overset{CH_3}{|}}{CH}-\overset{\overset{}{|}}{\underset{\underset{CH_2CH_3}{|}}{CH}}-CH_3$$
的系统命名为（　　）。

　　A. 1,3-二甲基戊烷　　　　　　　　B. 2,3-二甲基戊烷
　　C. 2-甲基-3-乙基丁烷　　　　　　 D. 3,4-二甲基戊烷

6. 下列变化中，由加成反应引起的是（　　）。
　　A. 乙炔通入酸性高锰酸钾溶液中，高锰酸钾溶液褪色
　　B. 乙烯在点燃情况下和氧气生成二氧化碳和水
　　C. 在一定条件下，苯滴入浓硝酸和浓硫酸的混合液中，有油状液生成
　　D. 在催化剂作用下，乙烯与水反应生成乙醇

7. 烷烃分子可以看作由以下基团组合而成：$-CH_3$、$-CH_2-$、$-\overset{|}{\underset{|}{CH}}-$、$-\overset{|}{\underset{|}{C}}-$，分子中同时存在这四种基团，则该烷烃最少含有的碳原子数应是（　　）。

　　A. 6　　　　　　B. 7　　　　　　C. 8　　　　　　D. 10

8. 对相同物质的量的乙烯和丙烯，下列叙述正确的是（　　）。
　　①碳原子数之比为 2∶3　　　　②氢原子数之比为 2∶3
　　③含碳的质量分数相同　　　　④分子个数之比为 1∶1
　　A. ①④　　　　B. ①②④　　　　C. ①②③　　　　D. ①②③④

三、用系统命名法命名下列各化合物

1. $CH_3CH=CHCH(CH_3)_2$

2. $CH_3\overset{\overset{}{|}}{\underset{\underset{CH_3}{|}}{CH}}CH_2\overset{\overset{}{|}}{\underset{\underset{CH=CHCH_3}{|}}{CH}}C\equiv CH$

3. $CH_3-CH=C-CH_2CH_3$
　　　　　　　$\underset{\underset{CH_3}{|}}{|}$

4. $CH_3CH_2CH=CH-CH=CH-CH_2CH_3$

5. $CH_3\overset{}{\underset{\underset{CH_3}{|}}{CH}}CH_2CH=CH\overset{}{\underset{\underset{CH_3}{|}}{CH}}CH_2CH_3$

6. $CH_3CH_2\overset{\overset{CH_3}{|}}{\underset{\underset{CH_3}{|}}{C}}-C\equiv CH$

7. $HC\equiv C-\overset{\overset{CH_2CH_2CH_3}{|}}{\underset{\underset{CH_2CH_3}{|}}{C}}-CCH=CH_2$

四、根据名称写出下列化合物的构造式

1. 1-丁烯

2. 3-乙基-2-戊烯

3. 不对称甲基乙基乙烯

4. 二乙烯基乙炔

5. 甲基乙基乙炔

6. 异丙基乙烯

五、完成下列反应式

1. $\text{CH}_3\text{CH}_2\text{C}(\text{CH}_3)_2-\text{C}\equiv\text{CH} \xrightarrow{\text{H}_2}{\text{Lindlar催化剂}}$

2. $\text{CH}_3-\text{C}(\text{CH}_3)=\text{CH}_2 \xrightarrow{\text{Br}_2}{\text{H}_2\text{O}}$

3. $n\,\text{HC}\equiv\text{CH} \xrightarrow{\text{齐格勒-纳塔催化剂}}$

4. $\text{CH}_2=\text{CHCH}_2-\text{C}\equiv\text{CH} \xrightarrow{\text{Cl}_2}$

5. $\triangle-\text{CH}=\text{CH}-\text{CH}_3 \xrightarrow{\text{KMnO}_4}$

6. $\text{CH}_3-\text{CH}(\text{CH}_3)-\text{C}\equiv\text{CH} + \text{NaNH}_2 \xrightarrow{\text{液氨}}$

7. (2,2-二甲基环戊基)=CH$_2$ $\xrightarrow{\text{Cl}_2}{500℃}$

8. $\text{C}_6\text{H}_5-\text{C}\equiv\text{CH} \xrightarrow{\text{HgSO}_4/\text{H}^+}{\text{H}_2\text{O}}$

9. $\text{HC}\equiv\text{CH} \xrightarrow{\text{Na}}{\text{液氨}} \xrightarrow{\text{CH}_3\text{CH}_2\text{Br}}{\text{液氨}}$

10. $\text{CH}_3\text{CH}=\text{CH}-\text{C}\equiv\text{CH} + \text{H}_2\text{O} \xrightarrow{\text{HgSO}_4}{\text{稀H}_2\text{SO}_4}$

六、用简便的化学方法鉴别下列各组化合物

1. $(C_2H_5)_2C=CHCH_3$、$CH_3(CH_2)_4C\equiv CH$、环己基-CH_3

2. $CH_3CH_2CH_2C\equiv CH$、$CH_3CH_2CH_2CH=CH_2$、$CH_3CH_2CH_2CH_2-CH_3$

七、推断题

1. 某烯烃经催化加氢能吸收一分子氢，与过量的高锰酸钾作用只能生成丙酸，写出该化合物的结构式。

   该烯烃的结构式是_____。

2. 某烯烃可以发生如下反应，根据反应式推测该烯烃的结构式：

$$C_5H_{10}(B) \xrightarrow[\text{② }H^+]{\text{① }KMnO_4, H_2O, OH^-, \triangle} CH_3CH_2\underset{CH_3}{\overset{CH_3}{C}}=O + CO_2 + H_2O$$

   该烯烃的结构式是_____。

八、合成题

1. 以丙炔为原料，合成 2-庚炔（试剂和条件任选）。

2. 以 $CH_3-\underset{CH_3}{\overset{|}{C}}=CH_2$ 为原料合成 $CH_2-\underset{CH_3}{\overset{Cl}{C}}=CH_2$。

第四章　脂环烃

A组 练习题

一、填空题

1. 环丙烷、环丁烷、环戊烷发生开环反应的活性顺序为_____。
2. 环丙烷和环丁烷及其烷基衍生物与卤化氢发生加成反应时，开环发生在_____的两个碳原子之间，加成反应符合_____规则。
3. 环丙烷和环己烷都是环烷烃，二者相差_____个 CH_2，它们互为_____。

二、选择题

1. 室温下，能使溴水褪色，但不能使高锰酸钾溶液褪色的物质是（　　）。
   A. ⌂（环戊烷）　　B. $CH_3CH_2CH_3$　　C. ⌂（环戊烷）　　D. △（环丙烷）
2. 分子式为 C_3H_6 和 C_6H_{12} 的两种烃属于（　　）。
   A. 同系物
   B. 同分异构体
   C. 不一定是同系物
   D. 既不是同系物，也不是同分异构体
3. 下列物质发生开环加氢反应的活性顺序是（　　）。
   ①环丙烷　　②环丁烷　　③环戊烷
   A. ①＞②＞③　　B. ③＞②＞①　　C. ①＞③＞②　　D. ②＞①＞③
4. 甲基环丁烷与溴化氢发生加成反应的产物是（　　）。
   A. $CH_3CH_2CH_2CHBrCH_3$
   B. $CH_2BrCH_2CH_2CH_2CH_3$
   C. $CH_3CH_2CHBrCH_2CH_3$
   D. $CH_3CH_2CHBrCH_3$

三、用系统命名法命名下列各化合物

1.
2.

3. 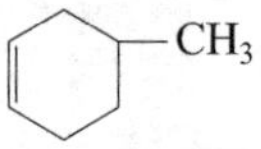 [环己烷-CH₃] 4. 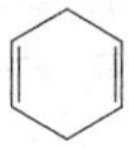 [环己烯]

四、根据名称写出下列化合物的构造式

1. 异丙基环己烷 2. 1,1-二甲基环丁烷

3. 1,2-二甲基环戊烷 4. 1-甲基-4-乙基环己烷

5. 1-甲基-2-乙基环丁烷

五、完成下列反应式

1. 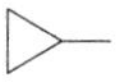 △ + HCl ⟶
2. 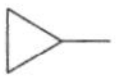 △ + H₂ $\xrightarrow{\text{Ni}}$
3.  [环己烯] + Br₂ ⟶
4. □ + HBr ⟶

六、用简便的化学方法鉴别下列各组化合物

1. 丙烷、环丙烷

2. 环戊烷、甲基环丁烷

七、推断题

有 A、B、C 三种烃，其分子式都是 C_5H_{10}，它们与碘化氢反应时，生成相同的碘代烷；室温下都能使溴的 CCl_4 溶液褪色；与高锰酸钾酸性溶液反应时，A 不能使其褪色、B 和 C 能使其褪色，C 还同时产生 CO_2 气体。试推测 A、B、C 的构造式。

A 的结构式是＿＿＿＿＿＿＿＿＿＿＿＿＿＿＿＿＿＿＿＿＿＿＿＿＿＿＿＿＿＿＿＿。

B 的结构式是＿＿＿＿＿＿＿＿＿＿＿＿＿＿＿＿＿＿＿＿＿＿＿＿＿＿＿＿＿＿＿＿。

C 的结构式是＿＿＿＿＿＿＿＿＿＿＿＿＿＿＿＿＿＿＿＿＿＿＿＿＿＿＿＿＿＿＿＿。

B组 练习题

一、填空题

1. 分子式为 C_5H_{10} 的环烷烃构造异构体有＿＿＿＿种，其构造异构体为＿＿＿＿＿＿。
2. 工业上生产环己烷主要采用＿＿＿＿＿＿法和＿＿＿＿＿＿法。
3. 环烷烃的通式为＿＿＿＿＿＿，环烷烃与＿＿＿＿＿＿互为同分异构体。
4. ＿＿＿＿＿＿可以用来生产己内酰胺，是生产尼龙-6 的单体。

二、用系统命名法命名下列各化合物

1.

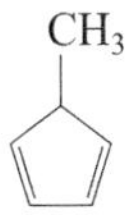

2.

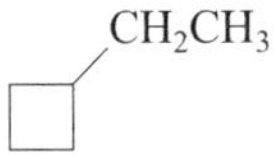

3.

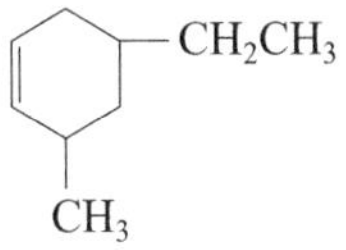

4.

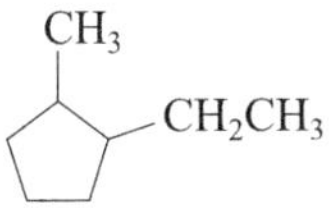

三、根据名称写出下列化合物的构造式

1. 1,3-环己二烯

2. 1,3-二乙基环戊烷

3. 1,1-二甲基环己烷

4. 异丙基环己烷

5. 3-异丙基环己烯

四、完成下列反应式

1. 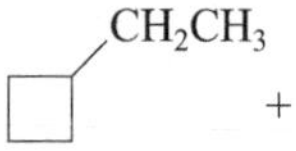 [环丁基乙基] + HCl ⟶

2.  [1,1-二甲基环丙烷] + H₂ —Ni→

3. 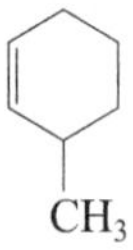 [3-甲基环己烯] + HCl ⟶

4. 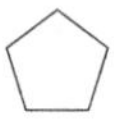 [环戊烷] + Cl₂ —紫外线照射→

五、用简便的化学方法鉴别下列各组化合物

1. 甲基环己烷、甲基环丙烷

2. 环戊烷、环戊烯

六、推断题

化合物 A 分子式为 C_4H_8，它能使溴水褪色，但不能使稀的高锰酸钾溶液褪色。A 与 HBr 反应生成 B，B 也可以从 A 的同分异构体 C 与 HBr 作用得到。C 能使溴的四氯化碳溶液褪色，也能使稀的高锰酸钾溶液褪色。推测 A、B、C 的构造式。

A 的结构式是_____。
B 的结构式是_____。
C 的结构式是_____。

第五章　脂肪族卤代烃

A组 练习题

一、填空题

1. 卤代烃中常用作灭火剂的是_____，电冰箱和空调中目前常用的制冷剂是_____。
2. 一元卤代烷的沸点随着碳原子数的增加而_____，卤代烷同系列的密度，一般是随着碳原子数的增加而_____。
3. 仲卤代烷和叔卤代烷脱卤化氢时，主要是从含氢_____的 β-碳原子上脱去的，这个经验规律叫_____规则。

二、选择题

1. 一氯丁烯的同分异构体有（　　）种。
   A. 7　　　　　　B. 8　　　　　　C. 9　　　　　　D. 10
2. 俗称"塑料王"的物质是（　　）。
   A. 聚乙烯　　　B. 聚丙烯　　　C. 聚氯乙烯　　　D. 聚四氟乙烯
3. 在室温下与硝酸银-醇溶液反应，能产生卤化银沉淀的是（　　）。
   A. 二氯乙烷　　　　　　　　　　B. 2-甲基-2-溴丙烷
   C. 1-溴丙烷　　　　　　　　　　D. 1-碘丙烷

三、用系统命名法命名下列各化合物

1. $BrCH_2CH_2Br$

2. CH_3MgBr

3. $CH_3CH_2CH_2CBr(CH_3)_2$

4.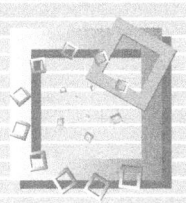

5. 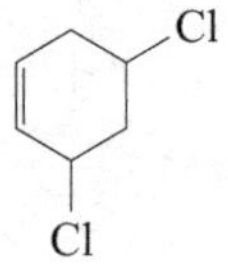 [3,5-二氯环己烯结构图]

四、根据名称写出下列化合物的构造式

1. 2-甲基-3-氯-1-戊烯

2. 1,2-二氯-3-溴丙烯

3. 烯丙基氯

4. 叔丁基溴

5. 3-溴甲苯

五、完成下列反应式

1. $CH_3CHBrCH_3 \xrightarrow{Mg}{干醚}$

2. $(CH_3)_2CHCHBrCH_3 \xrightarrow{NaOH}{C_2H_5OH}$

3. $CH_3CH=CH_2 + HBr \xrightarrow{过氧化物}$

4. $CH_3CH=CHCl + NaCN \xrightarrow{乙醇}$

5. $CH_3CHBrCH_3 \xrightarrow{AgNO_3}{乙醇, \triangle}$

六、用简便的化学方法鉴别下列各组化合物

1. 1-溴丙烷、3-溴丙烯

2. 2-溴丁烷、1-碘丙烷

七、推断题

有 A 和 B 两种溴代烷，它们分别与 NaOH-乙醇溶液反应，A 生成 1-丁烯，B 生成异丁烯，试推测 A、B 两种溴代烃可能的构造式。

A 的结构式是＿＿＿＿＿＿＿＿＿＿＿＿＿＿＿＿＿＿＿＿＿＿＿＿＿＿＿＿＿＿＿＿＿。

B 的结构式是＿＿＿＿＿＿＿＿＿＿＿＿＿＿＿＿＿＿＿＿＿＿＿＿＿＿＿＿＿＿＿＿＿。

八、合成题

1. 以 CH_2＝$CHCH_3$ 为原料合成 CH_2＝$CHCH_2OH$（试剂和条件任选）。

2. 以环己烷为原料合成环己醇（试剂和条件任选）。

B组
练习题

一、填空题

1. 根据烃基结构不同，卤代烃分为＿＿＿＿＿＿，＿＿＿＿＿＿。

2. 卤代烷的异构分为＿＿＿＿＿＿，＿＿＿＿＿＿。

3. 卤代烷脱卤化氢时，主要脱去＿＿＿＿＿＿＿＿＿＿＿＿，从而生成含烷基较多的烯烃，这一经验规律叫作＿＿＿＿＿＿规则。

4. 卤代烷发生消除反应的活性顺序为 _____ > _____ > _____ 。

5. 足球场上的"化学医生"是 _____ 。

二、选择题

1. 下列化学式只表示一种纯净物的是（　　）。
   A. C_3H_8 B. C_4H_{10} C. C   D. C_4H_8

2. 对 CF_2Cl_2（商品名称为氟里昂-12）的叙述正确的是（　　）。
   A. 有两种同分异构体   B. 是非极性分子
   C. 只有1种结构   D. 分子呈正四面体形

3. 下列物质中，不属于卤代烃的是（　　）。
   A. 氯乙烯   B. 溴苯   C. 四氯化碳   D. 硝基苯

4. 1mol某气态烃与2mol氯化氢加成，其加成产物又可被8mol氯气完全取代，该烃可能是（　　）。
   A. 丙烯   B. 1,3-丁二烯   C. 丙炔   D. 2-丁烯

5. 制造氯乙烷的最好方法是（　　）。
   A. 乙烷氯代   B. 乙烯和氯气加成
   C. 乙烯加氯化氢   D. 乙烯加氢后再氯代

三、用系统命名法命名下列各化合物

1. $CH_3CH_2CCl(CH_3)_2$

2. ⌬—CH_2Cl

3. ⌬—Br

4. $CH_2=CHCH_2Cl$

5. $CH_3CH_2CHClCHBrCH_2CH_3$

四、根据名称写出下列化合物的构造式

1. 2-氯丁烷

2. 2-甲基-3-氯-1-戊烯

3. 对氯叔丁苯

4. 四氟乙烯

5. 氯仿

五、完成下列反应式

1. Cl—C₆H₄—Br + Mg $\xrightarrow{乙醚}$

2. Cl—C₆H₄—CH(CH₃)Cl + H₂O $\xrightarrow{NaHCO_3}$

3. C₆H₅—CH₂Cl + RONa $\xrightarrow{\triangle}$

4. 邻-(CH=CHBr)(CH₂Cl)C₆H₄ + KCN $\longrightarrow$

5. CH₃CH₂CHBrCH₃ $\xrightarrow[CH_3CH_2OH]{CH_3CH_2OK}$

六、推断题

1. 某氯代烃 A，与氢氧化钾醇溶液作用生成 B(C_4H_8)，B 经高锰酸钾酸性溶液氧化后，得到丙酸（CH_3CH_2COOH）、二氧化碳和水，B 与溴化氢作用，则得 A 的同分异构体 C，试推测 A、B、C 的构造式。

A 的构造式是_____。
B 的构造式是_____。
C 的构造式是_____。

2. 某烃 A，分子式为 C_5H_{10}，它不能与溴水加成，在紫外光照射下与溴反应得到 B（C_5H_9Br）。B 与氢氧化钾醇溶液作用得到 C（C_5H_8），C 经高锰酸钾酸性溶液氧化得戊二酸。写出 A、B、C 的构造式。

A 的构造式是_____。
B 的构造式是_____。
C 的构造式是_____。

七、合成题

以丙烯为原料合成烯丙醇（试剂和条件任选）。

第六章 醇和醚

A组 练习题

一、填空题

1. 醇类物质中毒性最强的是_____，常用作消毒杀菌的是_____，常用作汽车防冻剂的是_____。常用作外科手术的麻醉醚是_____。

2. 低级醇的沸点比分子量相近的烃高得多，这是因为醇分子间能形成_____缔合现象。

3. 醇分子的结构特点是羟基直接和_____相连。在同碳数的醇中，羟基愈多，沸点愈_____。

二、选择题

1. 下列各组液体混合物，能用分液漏斗分离的是（　　）。
   A. 乙醇和水　　　B. 四氯化碳和水　　　C. 乙醇和苯　　　D. 四氯化碳和苯

2. 下列醇中与金属钠反应最快的是（　　）。
   A. 乙醇　　　B. 异丁醇　　　C. 叔丁醇　　　D. 甲醇

3. 要清除"无水乙醇"中微量水，最适宜加入的物质是（　　）。
   A. 无水氯化钙　　　B. 无水硫酸镁　　　C. 金属钠　　　D. 金属镁

三、用系统命名法命名下列各化合物

1. $CH_3CHCH_2CH_3$
         $|$
         OH
   （中间CH上有CH_3）

2. $(CH_3)_3CCH_2OH$

3. CH_3—环己基—OH

4. $CH_3CH_2OCH_3$

5. ⬠O (tetrahydrofuran structure)

四、根据名称写出下列化合物的构造式

1. 异丙醇

2. 2-甲基-1-戊醇

3. 叔丁醇

4. 苯甲醚

5. 1,4-二氧六环

五、完成下列反应式

1. $CH_3CHCH_2CH_3 \xrightarrow[H^+]{K_2Cr_2O_7}$
   $\quad\ |$
   $\ \ OH$

2. $CH_3CHCH_2CH_3 \xrightarrow[\triangle]{浓H_2SO_4}$
   $\quad\ |$
   $\ \ OH$

3. $CH_3CHCH_3 \xrightarrow[450℃]{Cu}$
   $\quad\ |$
   $\ \ OH$

4. $CH_3CH_2OCH_3 + HBr \longrightarrow$

5. $CH_3CH_2OH + HBr \xrightarrow[回流]{NaBr+浓H_2SO_4}$

六、推断题

1. 有两种液体化合物 A 和 B，它们的分子式均是 $C_4H_{10}O$，A 在室温下与卢卡斯（Lucas）试剂作用，放置片刻生成 2-氯丁烷，与氢碘酸作用生成 2-碘丁烷；B 不与卢卡斯（Lucas）试剂作用，但与浓的氢碘酸作用生成碘乙烷。试推测 A、B 的构造式。

   A 的构造式是_____。B 的构造式是_____。

2. 某醇依次与 HBr、KOH-醇溶液、H_2SO_4、H_2O 和 $K_2Cr_2O_7$-H_2SO_4 作用，可得到 2-丁酮。试推测原化合物可能的构造式。

   某醇的构造式是_____。

七、合成题

1. 以乙烯为原料合成乙二醇（试剂和条件任选）。

2. 以丙烯为原料合成正丙基烯丙基醚（试剂和条件任选）。

B组
练习题

一、填空题

1. 直链饱和一元醇的沸点规律是随着碳原子数的增加而_____。在同碳数异构体中，支链越多的醇沸点越_____。

2. 伯、仲、叔醇与金属钠作用时，其反应速率顺序是_____。与卢卡斯试剂作用时，其反应速率顺序是_____。

3. 检验醚中是否有过氧化物存在的常用方法是用_____试纸试验，若试纸出现_____色；或用_____溶液检验，若溶液变为_____色，均表示有过氧化物存在。

二、选择题

1. 禁止用工业酒精配制饮用酒，是因为工业酒精中含有下列物质中的（　　）。
   A. 甲醇　　　　B. 乙二醇　　　　C. 丙三醇　　　　D. 异戊醇

2. 工业上把一定量的苯（约8%）加入普通乙醇中蒸馏来制取"无水乙醇"时，最先蒸出的物质是（　　）。
   A. 乙醇　　　　B. 苯-水　　　　C. 乙醇-水　　　　D. 苯-水-乙醇

3. 下列物质中，最稳定的是（　　）。

A. 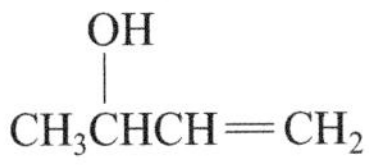 $CH_3\underset{\underset{OH}{|}}{C}H-CH=CH_2$ B. $CH_3\underset{\underset{OH}{|}}{C}H-CH=CH_2$ C. CH_3CH_2CHOH D. 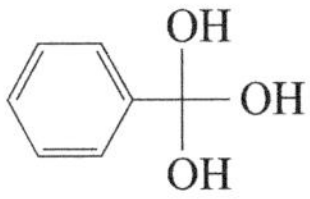 苯环上连 OH、OH、OH

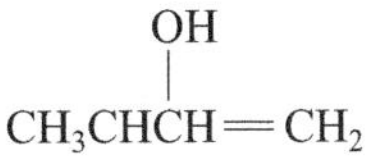

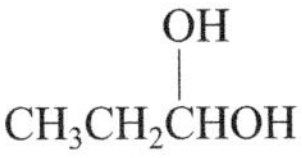

4. 系统命名法正确名称是（　　）。
   A. 5-甲基-3-乙烯基-1-己醇
   B. 3-异丁基-4-戊烯-1-醇
   C. 3-异丁基-1-戊烯-5-醇
   D. 3-异丁基-4-烯-1-戊醇

三、用系统命名法命名下列各化合物

1. $CH_3CH_2OCH(CH_3)_2$

2. 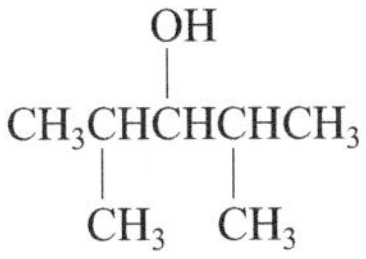 $CH_3\underset{\underset{CH_3}{|}}{C}H-\underset{\underset{OH}{|}}{C}H-\underset{\underset{CH_3}{|}}{C}H-CH_3$

3. 苯-CH_2OH

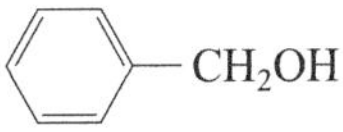

4. $CH_3CH_2OCH_2CH_3$

5. 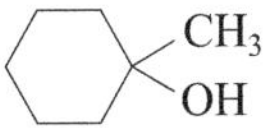 环己烷-CH_3、OH

四、根据名称写出下列化合物的构造式

1. 异丙醚

2. 甘油

3. 2,2-二甲基-3-戊烯-1-醇

4. 苯甲醇

5. 3-甲基-2-丁醇

五、完成下列反应式

1. $C_6H_5-CH_2OH \xrightarrow[\Delta]{PBr_3}$

2. $CH_3CH_2OH \xrightarrow{Cu}_{270\sim300^\circ C}$

3. $(CH_3)_3COH + HCl \xrightarrow{ZnCl_2}$

4. $CH_3OCH_2CH_3 + HI(浓) \xrightarrow{\Delta}$

5. $CH_3CH_2CH(OH)CH_2CH_3 \xrightarrow[90^\circ C]{Na_2Cr_2O_7 + H_2SO_4}$

六、推断题

某醇 $C_5H_{12}O$ 氧化后生成酮，脱水生成一种不饱和烃，此烃氧化生成酮和羧酸两种产物的混合物，试写出该醇的构造式。

醇的构造式是_____。

第七章 芳烃

A组 练习题

一、填空题

1. 苯是_____色_____味_____体，_____溶于水，密度比水_____，_____挥发，蒸气_____毒。
2. 苯分子的所有碳原子和氢原子都处于_____。六个碳碳键键长都_____，组成一个_____形，所有键角都是_____。
3. 鉴别苯和苯的同系物可用_____溶液。
4. 芳香烃的通式为_____，根据分子中所含苯环的数目可将芳烃分为_____，_____，_____。
5. 写出下列化合物的结构简式。
   (1) 硝基苯_____ (2) 苯磺酸_____
   (3) 邻二甲苯_____ (4) 联苯_____

二、选择题

1. 下列各有机物中，属于芳香烃的是（　　）。
   A. 氯丁烷　　　B. 甲苯　　　C. 硝基苯　　　D. 环丙烷
2. 下列反应中，属于加成反应的是（　　）。
   A. 苯酚使溴水褪色　　　B. 乙烯使酸性高锰酸钾褪色
   C. 乙烯使溴水褪色　　　D. 苯与液溴反应
3. 欲将苯、硝基苯、己烯鉴别开来，选用的试剂最好是（　　）。
   A. 石蕊试液　　B. 稀 H_2SO_4 溶液　　C. 水　　D. 溴水
4. 用括号中的试剂除去下列各物质中的少量杂质，其中正确的是（　　）。
   A. 苯中的甲苯（溴水）　　　B. 四氯化碳中的乙醇（水）
   C. 甲烷中的乙烯（$KMnO_4$ 酸性溶液）　　D. 溴苯中的溴（水）
5. 在铁的催化作用下，苯使溴褪色，属于哪种反应类型（　　）？
   A. 氧化反应　　B. 加成反应　　C. 取代反应　　D. 还原反应

6. 苯环上分别连接下列定位基，苯环进行溴代反应时，定位效应最强的间位定位基是（　　）。

  A. —NO$_2$ B. —CHO   C. —SO$_3$H   D. —COOH

三、用系统命名法命名下列各化合物

1. 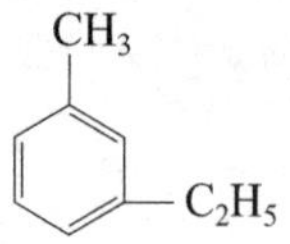
$$\underset{\underset{C_2H_5}{}}{\overset{\overset{CH_3}{|}}{\bigcirc}}$$
(间位取代)

2. 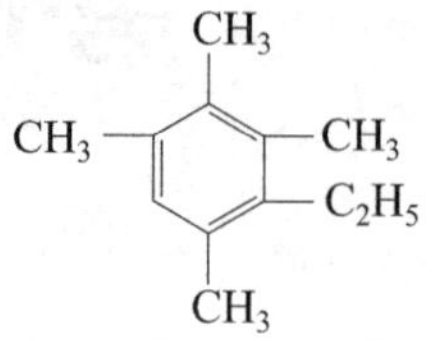
$$\underset{CH_3}{\overset{CH_3\ CH_3}{\bigcirc}}\ C_2H_5$$

3.
$$\underset{CH_3}{\overset{C(CH_3)_3}{\underset{CH_3}{\bigcirc}}}$$

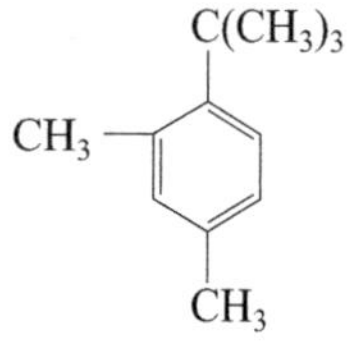

4.  $CH_3-\bigcirc-C_2H_5$

5. $CH_3-\bigcirc-CH_2CH=CHCH_3$

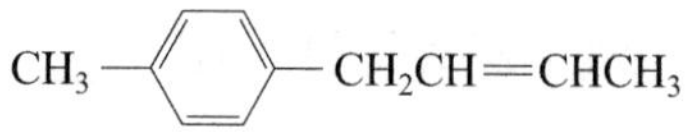

四、根据名称写出下列化合物的构造式

1. 1-苯基-1,3-丁二烯

2. 1,3-二溴萘

3. 苯乙炔

4. 2-甲基-3-苯基丁烷

5. 蒽

五、完成下列反应式

1. 苯燃烧：_____ 类型：(   )
2. 与溴反应（液溴）：_____ 类型：(   )
3. 与硝酸反应：_____ 类型：(   )
4. 与氢气反应：_____ 类型：(   )
5. 制取 TNT：_____ 类型：(   )
6. 甲苯与酸性 $KMnO_4$ 反应 _____ 类型：(   )

六、用简便的化学方法鉴别下列各组化合物

1. 苯和甲苯

2. 乙苯和苯乙烯

七、推断题

化合物 A（C_9H_{10}）在室温下能迅速地使溴的四氯化碳溶液褪色，也能使高锰酸钾溶液褪色，催化氢化可吸收 4mol 的氢气，强烈氧化可生成邻苯二甲酸，请推测化合物 A 的构造式，并写出有关反应式。

八、合成题

1. 由 甲苯 合成 2,4-二硝基苯甲酸。

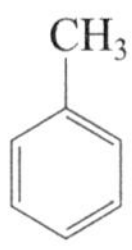

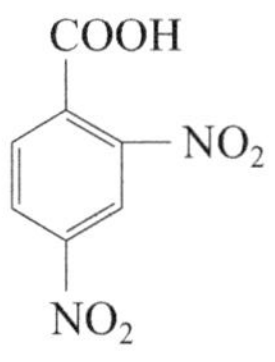

2. 以苯为原料，合成2-硝基-1,4-二氯苯。

3. 以甲苯为原料合成3-硝基-4-氯苯甲酸。

B组
练习题

一、填空题

1. 苯属于_____烃类，不易察觉其_____性，如果在散发着苯的密封空间里，短时间人就会出现头晕、胸闷、恶心、呕吐等症状，长时间会导致死亡。

2. 单环芳烃发生一元取代反应时，决定新基团进入苯环上的位置及反应是否容易进行的取代基称为_____。

3. 不同的卤素与苯环发生取代反应的活泼顺序是：氟_____氯_____溴_____碘（填"<"或">"）。

4. 在苯的硝化反应中，浓硫酸的作用是_____，反应装置中的水银头位置在_____。

5. 写出下列化合物的结构简式。
   (1) 苄基_____   (2) 苯甲酸_____
   (3) 偏三甲苯_____   (4) 1,4-二乙苯_____

二、选择题

1. 下列实验过程中，需用温度计，且应将温度计的水银球插入反应混合液中的是（   ）。
   A. 由苯制取硝基苯   B. 由乙醇制取乙烯
   C. 乙炔的实验室制法   D. 石油的分馏

2. 可用于鉴别苯和苯的同系物的试剂或方法是（   ）。

A. 液溴和铁粉　　　　B. 酸性 $KMnO_4$　　　　C. 溴水　　　　D. 在空气中燃烧

3. 一种常见液态烃，它不跟溴水反应，但能使酸性高锰酸钾溶液褪色。0.05mol 该烃完全燃烧时生成 8.96L CO_2（标准状况），该烃是（　　）。

　　A. C_4H_8　　　　B. C_8H_{16}　　　　C. 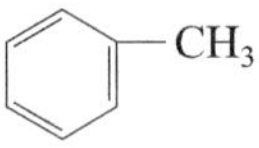 甲苯　　　　C. 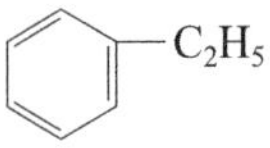 乙苯

4. 芳香烃是指（　　）。

　　A. 分子组成符合 C_nH_{2n-6}（$n \geqslant 6$）的化合物

　　B. 分子中含有苯环的化合物

　　C. 有芳香气味的烃

　　D. 分子中含有一个或多个苯环的烃类化合物

5. 苯环上分别连接下列定位基，苯环进行溴代反应时，定位效应最强的邻、对位定位基是（　　）。

　　A. $-NH_2$　　　　B. $-C_6H_5$　　　　C. $-I$　　　　D. $-OCH_3$

三、用系统命名法命名下列各化合物

1.

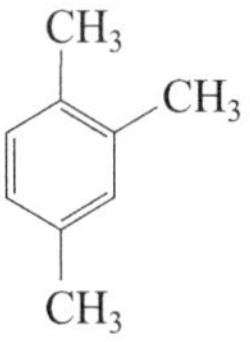

2.

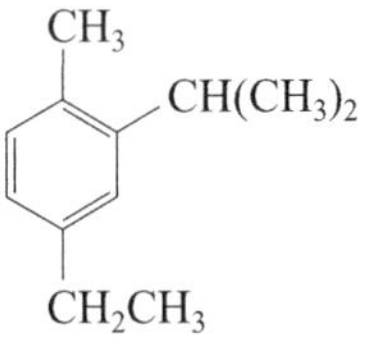

3.

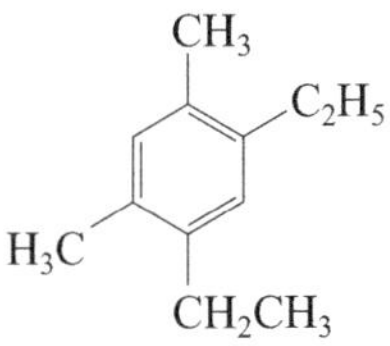

4.

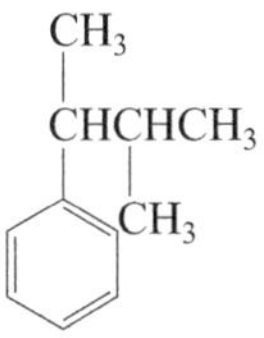

5.

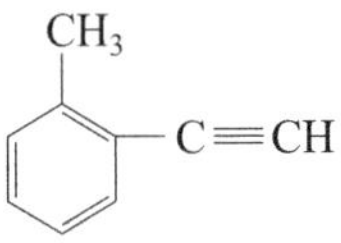

6.

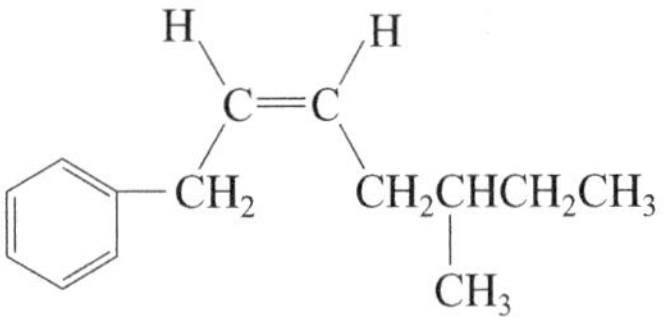

四、根据名称写出下列化合物的构造式

1. 十三烷基苯　　　　2. 间二甲苯

3. 1-甲基-4-乙基-3-异丙苯   4. 对甲苯基

5. 1,3,5-三乙苯

五、完成下列反应式

1. 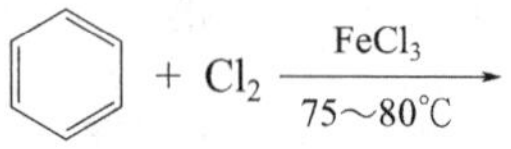 C$_6$H$_6$ + Cl$_2$ $\xrightarrow[75\sim80℃]{FeCl_3}$

2. 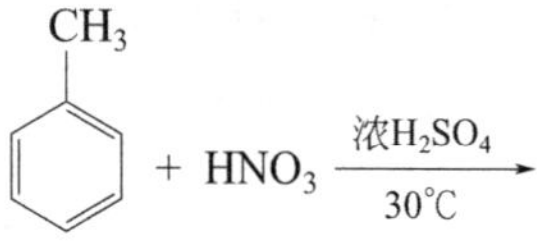 C$_6$H$_5$CH$_3$ + HNO$_3$ $\xrightarrow[30℃]{浓H_2SO_4}$

3. C$_6$H$_6$ + CH$_3$CH$_2$Cl $\xrightarrow{AlCl_3}$

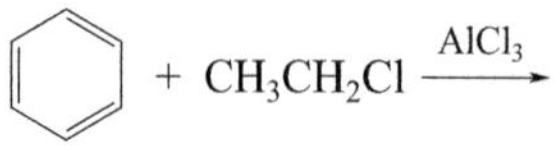

4.  C$_6$H$_6$ + H$_2$SO$_4$ $\xrightarrow{70\sim80℃}$

5.  C$_6$H$_6$ + CH$_3$COCl $\xrightarrow{AlCl_3}$

6. C$_6$H$_5$CH$_3$ + Cl$_2$ $\xrightarrow{h\nu}$

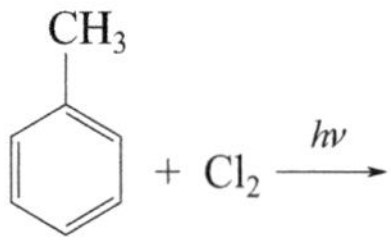

7. 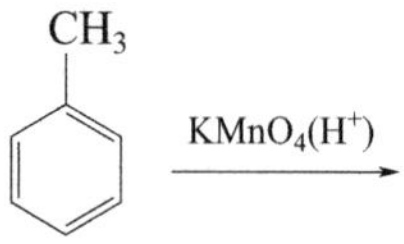 C$_6$H$_5$CH$_3$ $\xrightarrow{KMnO_4(H^+)}$

六、用简便的化学方法鉴别下列各组化合物

1. 苯和乙苯

2. 环己烯、环己烷和苯

七、推断题

化合物 A（C_9H_{10}）在室温下能迅速使溴的四氯化碳溶液和稀高锰酸钾溶液褪色，催化氢化可吸收 $4\text{mol } H_2$，强烈氧化可生成邻苯二甲酸，试推测化合物 A 的构造式，并写出有关方程式。

该化合物的结构式是 _____。

相关方程式：

八、合成题

1. 以甲苯为原料，合成 3-硝基-4-氯苯甲酸。

2. 以苯为原料，合成 2,4-二硝基氯苯。

3. 以苯为原料，合成 5-硝基-2-溴苯磺酸。

第八章　酚和芳醇

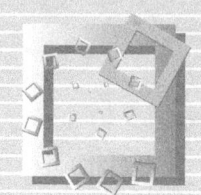

A组 练习题

一、填空题

1. 通常情况下，纯净的苯酚是_____色_____态物质。如果暴露在空气中，会因_____而显粉红色。在常温下将苯酚放入水中，振荡后得浑浊的液体，这说明苯酚在水里的_____不大。将这种浑浊液体加热到 70℃ 以上，液体会变_____，冷却后又变_____，这说明_____。在上述浑浊的液体里加入氢氧化钠溶液，现象是_____，反应的化学方程式是_____。若在反应后的澄清溶液里加入适量盐酸，现象是_____，反应的化学方程式是_____。

2. 羟基直接与芳环相连的化合物叫_____，羟基与芳环的侧链相连的化合物叫_____。醇中的羟基叫_____，酚中的羟基叫_____。

3. A、B、C 三种物质的分子式都是 C_7H_8O，若滴入 $FeCl_3$ 溶液，只有 C 呈紫色；若投入金属钠，只有 B 没有变化。

 (1) 写出 A、B、C 的结构简式：A_____，B_____，C_____。

 (2) C 的另外两种同分异构体的结构简式是_____，_____。

4. 鉴别苯酚溶液和甲苯有不同的方法，请叙述其中两种方法。

方法一：_____；

方法二：_____。

5. 除去苯酚中混有的少量苯，其方法是_____；
除去苯中混有的少量苯酚，其方法是_____。

二、选择题

1. 关于苯酚的说法中错误的是（　　）。

　　A. 纯净的苯酚是无色的晶体

　　B. 有特殊气味

　　C. 易溶于乙醇、乙醚等有机溶剂，常温时在水中溶解度不大，温度高于 65℃ 时与水

以任意比例混溶

　　D. 苯酚有毒，沾到皮肤上可用浓氢氧化钠溶液洗涤

2. 下列物质不属于醇类的是（　　）。

　　A. C_3H_7O　　　　B. $C_6H_5CH_2OH$　　　C. C_6H_5OH　　　D. CH_3OH

3. 下列纯净物不能和金属钠反应的是（　　）。

　　A. 苯酚　　　　　B. 甘油　　　　　C. 酒精　　　　　D. 苯

4. 能说明苯环对羟基有影响，使羟基变得活泼的事实是（　　）。

　　A. 苯酚能和溴水迅速反应　　　　　　B. 液态苯酚能与钠反应放出氢气

　　C. 室温时苯酚不易溶于水　　　　　　D. 苯酚具有极弱酸性

5. 下列有关苯酚的叙述中不正确的是（　　）。

　　A. 苯酚是一种弱酸，它能与 NaOH 溶液反应

　　B. 在苯酚钠溶液中通入 CO_2 气体可得到苯酚

　　C. 除去苯中混有的少量苯酚可用溴水作试剂

　　D. 苯酚有毒，但药皂中掺有少量苯酚

三、用系统命名法命名下列各化合物

1. [结构式：对甲基苯酚]

2. [结构式：1-萘酚]

3. [结构式：$\overset{4}{C}H_2\overset{3}{CH}=\overset{2}{C}H\overset{1}{C}H_2OH$ 连苯基]

4. [结构式：对甲基苄醇]

5. [结构式：2,4,6-三甲基苯酚]

四、根据名称写出下列化合物的构造式

1. 2-苯乙醇　　　　　　　　　　　　　2. 三苯基甲醇

3. 1,2,4-苯三酚

4. 对羟基苯甲醇

5. 邻苯二酚

五、完成下列反应式

1. 苯酚与氢氧化钠反应：
2. 苯酚钠溶液中通入二氧化碳：
3. 苯酚与乙酰氯反应：
4. 苯酚的磺化反应：
5. 苯酚与溴水的反应：

六、用简便的化学方法鉴别下列各组化合物

1. 苯甲醇、苯酚和苯乙烯

2. 苯酚、2,4,6-三硝基苯酚和 2,4,6-三甲基苯酚

七、推断题

化合物 A（$C_9H_{12}O$）与 NaOH、$KMnO_4$ 均不反应，遇到 HI 生成 B 和 C，B 遇到溴水立即变成白色浑浊，C 经 NaOH 水解，与 $Na_2Cr_2O_7$ 的稀硫酸溶液反应生成酮 D，试推测 A、B、C、D 的结构简式。

八、合成题

用 [苯酚(OH)] 和 $CH_3CH=CH_2$，合成 [异丙氧基苯 OCH(CH_3)_2]。

B组
练习题

一、填空题

1. 由于酚中羟基与苯环＿＿＿＿＿相连，苯环与羟基之间的相互作用使酚羟基在性质上与醇羟基有显著差异：＿＿＿＿＿羟基比＿＿＿＿＿羟基更活泼。而酚的芳环由于受到酚羟基的影响，性质也和芳烃有一定的差异：酚的芳环比芳烃更易发生＿＿＿＿＿反应。

2. 苯酚具有＿＿＿＿＿性，但酸性比＿＿＿＿＿弱，其水溶液甚至不能使＿＿＿＿＿变色。

3. 羟基是一个较强的＿＿＿＿＿取代基，因此酚的芳环上比苯更容易发生＿＿＿＿＿、硝化、＿＿＿＿＿等亲电取代反应。

4. 邻硝基苯酚的沸点比对硝基苯酚的低，其原因是邻硝基苯酚形成了＿＿＿＿＿，其＿＿＿＿＿就比对硝基苯酚低得多，利用此性质＿＿＿＿＿将这两个同分异构体分离。

5. 酚的官能团结构式为＿＿＿＿＿，叫＿＿＿＿＿基。苯酚的结构式为＿＿＿＿＿。酚与醇不同的是酚的官能团直接连接在＿＿＿＿＿碳原子上。

二、选择题

1. 药皂具有杀菌、消毒作用，制作药皂通常是在普通肥皂中加入了少量的（　　）。
   A. 甲醛　　　　　B. 酒精　　　　　C. 苯酚　　　　　D. 高锰酸钾

2. 能够检验苯酚存在的特征反应是（　　）。
   A. 苯酚与硝酸的反应　　　　　　　B. 苯酚与硫酸的反应
   C. 苯酚与氢氧化钠溶液的反应　　　D. 苯酚与三氯化铁溶液的反应

3. 常温下就能发生取代反应的是（　　）。
    A. 苯酚和浓溴水　　B. 苯和浓溴水　　C. 乙烯和溴水　　D. 乙苯和溴水
4. 某有机物中若有一个—C_6H_5，一个—C_6H_4—，一个—CH_2—，一个—OH，则该有机物属于酚类的结构可能有（　　）。
    A. 两种　　　　　B. 三种　　　　　C. 四种　　　　　D. 五种
5. 下列化学名词正确的是（　　）。
    A. 三溴笨酚　　　B. 烧碱　　　　　C. 乙酸乙脂　　　D. 石碳酸
6. 下列物质中不能与溴水发生反应的是（　　）。
    A. 苯甲醇　　　　B. 苯乙烯　　　　C. 甲醇　　　　　D. 苯酚

三、用系统命名法命名下列各化合物

1. 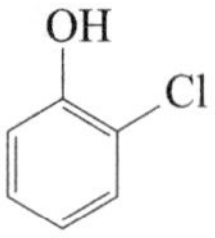 邻氯苯酚（OH, Cl）

2. 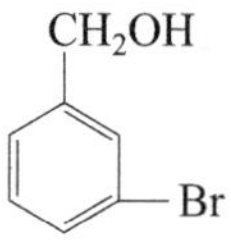 间溴苄醇（CH_2OH, Br）

3. 2-甲基-1-萘酚（OH, CH_3）

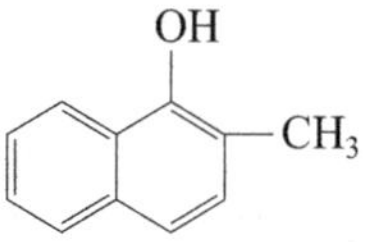

4. 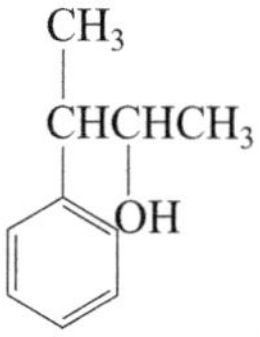 邻异丙基苯酚（CH_3CHCH_3, OH）

5. 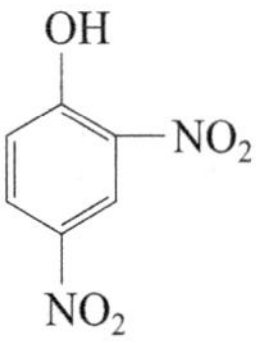 2,4-二硝基苯酚（OH, NO_2, NO_2）

四、根据名称写出下列化合物的构造式

1. 苦味酸

2. 4-羟基苯-1,3-二磺酸

3. 2-苯基-1-丙醇

4. 乙酸酐

5. 2,4,6-三溴苯酚　　　　　　　　　　6. 4-甲苯酚

五、完成下列反应式

1. 苯酚钠和盐酸反应：_____。

2. $\underset{\text{OH}}{\bigcirc}$ + CH₃—C(=O)—O—C(=O)—CH₃ $\xrightarrow[30\sim40℃]{15\%\ NaOH}$ _____。

3. 苯酚生成对苯醌的反应：_____。

4. 苯酚与乙酰氯反应：_____。

六、用简便的化学方法鉴别下列各组化合物

1. 苄氯、苄醇、苯酚

2. 对-(HOC₆H₄)CH₂Br 和 对-(BrC₆H₄)CH₂OH

七、推断题

某芳香族化合物 A，分子式为 C_7H_8O。该化合物与钠不发生反应，与浓 HI 共热生成两种化合物 B 和 C。B 能溶于 NaOH 水溶液，并与 $FeCl_3$ 水溶液作用呈紫色；C 与 $AgNO_3$ 的乙醇溶液作用生成黄色沉淀 AgI。写出 A、B、C 的结构式

A：_____；B：_____；C：_____。

相关方程式：

八、合成题

1. 由苯酚合成邻溴苯酚。

2. 由苯和乙烯合成 4-乙基苯酚。

第九章 醛和酮

A组 练习题

一、填空题

1. 乙醇在 Cu 或 Ag 的作用下与 O_2 发生反应，其化学方程式为_____；生成物的名称是_____和水。乙二醇在 Cu 或 Ag 的作用下也能与 O_2 发生反应，其反应的化学方程式为_____；生成物的名称是_____和水。乙醇或乙二醇在反应中都是被_____（填"氧化"或"还原"）。

2. 醛按烃基类型不同分为：_____、_____、_____。

3. 醛、酮分子均有构造异构体（除甲醛和乙醛外）。醛基总是位于碳链的_____，所以醛没有_____异构体，只有_____异构体。

4. 乙醛与新制 $Cu(OH)_2$ 的反应方程式：_____。

5. 某醛的结构简式为：$(CH_3)_2C=CHCH_2CH_2CHO$。

(1) 检验分子中的醛基的方法是：_____，化学方程式为_____。

(2) 检验分子中碳碳双键的方法是_____。

(3) 实验操作中，哪一个官能团应先检验？_____。

6. 醛和酮的化学性质主要表现为：

$$R-\underset{\underset{H}{\overset{②\rightarrow}{|}}}{C}H-\overset{O}{\overset{\|}{\underset{③}{C}}}H(R')\leftarrow①$$

①羰基的_____反应；②_____的反应；③醛基的_____反应。

7. 醛和酮与格氏试剂发生加成反应，加成物经水解生成醇。格氏试剂与甲醛反应，可以制成_____。格氏试剂与除甲醛外的其他醛反应，可以制成_____。格氏试剂与酮反应，可以制成_____。

8. 有机分子中与官能团直接相连的碳上的氢原子称为_____。

9. 碘仿为_____，难溶于水，并有特殊气味，容易识别，因此可利用碘仿反应来鉴别_____、甲基酮以及含有"_____"构造的醇。

10. 实验室中，可将甲醛溶液、苯酚溶液和浓盐酸混合，沸水浴加热制取高分子化合物酚醛树脂，反应原理为：实验装置如图（夹持装置已略去），请回答：

（1）写出该反应的方程式_____
该反应属于_____。
A. 聚合反应　　　　　　　　　　B. 消去反应
（2）装置中，缺少的仪器是_____，多余的仪器是_____，长导管的作用是_____。
（3）实验后，试管不易用水洗净，但加入少量_____，浸泡几分钟，则较易用水洗净。

二、选择题

1. 工业上制乙醛有乙醇氧化法、乙炔水化法、乙烯氧化法等，其中对环境有严重污染的是（　　）。
   A. 乙醇氧化法　　　　　　　　　B. 乙炔水化法
   C. 乙烯氧化法　　　　　　　　　D. 乙醇氧化法和乙烯氧化法

2. 近年来，建筑装饰材料发展速度很快，进入家庭居多，调查发现有些装饰程度较高的居室中，由装饰材料缓慢释放出来的化学污染物浓度过高，影响人的身体健康，这些污染物是（　　）。
   A. CO　　　　　　　　　　　　B. SO_2
   C. 甲醛、苯等有机物　　　　　　D. 氨气

3. 丙烯醛的结构式为：$CH_2\!=\!CH\!-\!CHO$。下列关于它的性质的叙述中错误的是（　　）。
   A. 能使溴水褪色，也能使酸性高锰酸钾溶液褪色
   B. 在一定条件下与 H_2 充分反应，生成 1-丙醇
   C. 能发生银镜反应表现氧化性
   D. 在一定条件下能被空气氧化

4. 关于乙醛的下列反应中，乙醛被还原的是（　　）。
   A. 乙醛的银镜反应　　　　　　　B. 乙醛制乙醇
   C. 乙醛与新制氢氧化铜的反应　　D. 乙醛的燃烧反应

5. $2HCHO+NaOH(浓)\longrightarrow CH_3OH+HCOONa$ 反应中，甲醛发生的反应是（　　）。
   A. 仅被氧化　　　　　　　　　　B. 仅被还原
   C. 既被氧化又被还原　　　　　　D. 既未被氧化又未被还原

6. 有机物 CH₃CH(OH)CHO 不能发生的反应是（　　）。
   A. 酯化　　　　　　　B. 加成　　　　　　　C. 消去　　　　　　　D. 水解
7. 乙醛和新制 Cu(OH)₂ 反应生成红色沉淀的实验中关键的操作是（　　）。
   A. Cu(OH)₂ 要用特殊方法制取　　　　　　B. CuSO₄ 要过量
   C. NaOH 溶液要过量　　　　　　　　　　D. 要调节溶液的 pH 值小于 7
8. 将 2mL 1mol/L 的 CuSO₄ 溶液与 4mL 0.5mol/L 的 NaOH 溶液相互混合后，再加入 40% 的甲醛溶液 0.5mL，煮沸后未见红色沉淀出现。实验失败的主要原因是（　　）。
   A. 甲醛用量不足　　　　　　　　　　　　B. 硫酸铜用量不足
   C. 加热时间太短　　　　　　　　　　　　D. 氢氧化钠用量不足

三、用系统命名法命名下列各化合物

1. CH₂=CHCHO

2. 环己酮（环己基=O）

3. CH₃CH₂CCH₂CH₃
         ‖ |
         O   CH₃

4. CH₃CH₂CHCHO
           |
           CH₃

5. 苯-C-CH₂-CH₃
       ‖
       O

四、根据名称写出下列化合物的构造式

1. 苯乙酮

2. 邻羟基苯甲醛

3. 3-苯基丙烯醛

4. 3-甲基-2-丁酮

5. 乙二醛

6. 2-甲基-4-氯-3-溴丁醛

五、完成下列反应式

1. 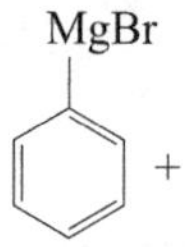 C$_6$H$_5$MgBr + HCHO $\xrightarrow{\text{干醚}}$ $\xrightarrow{\text{H}_3\text{O}^+}$

2. CH$_3$CH$_2$CH$_2$MgBr + CH$_3$CH$_2$CHO $\xrightarrow{\text{干醚}}$ $\xrightarrow{\text{H}_3\text{O}^+}$

3. 乙醛和托伦试剂反应

4. 甲醛与斐林试剂反应

六、用简便的化学方法鉴别下列各组化合物

1. 甲醛、丙酮和苯甲醛

2. 甲醛、乙醛和丙酮

七、推断题

有一化合物 A（C$_8$H$_8$O），能与羟氨作用，但不起银镜反应，在铂的催化下加氢，得到一种醇 B，B 经溴氧化，水解等反应后，得到两种液体 C 和 D，C 能起银镜反应，但不起碘仿反应；D 能发生碘仿反应，但不能使斐林试剂还原，试推测 A 的结构，并写出主要反应式。

B组 练习题

一、填空题

1. 乙醛的分子式是_____，结构简式是_____；乙醛从结构上可以看成是_____基和_____基相连而构成的化合物，其化学性质主要由_____决定。

2. 甲醛的分子式_____，结构式_____，甲醛的_____俗称福尔马林。

3. 酮按分子中羰基数目分为：_____、_____、_____。

4. 酮分子中，羰基位于碳链_____，因此同除_____异构外，还有_____的位置异构。

5. 饱和一元醛的通式为_____或_____，乙醛与银氨溶液反应的化学方程式为_____。1mol醛基参加反应，有_____mol银生成。

6. 某醛的结构简式为：$(CH_3)_2C=CHCH_2CH_2CHO$。
   (1) 检验分子中的醛基的方法是：_____，化学方程式为_____。
   (2) 检验分子中碳碳双键的方法是_____。
   (3) 实验操作中，哪一个官能团应先检验？_____。

7. 醛、酮与氢氰酸加成，是使碳链_____的一种方法。

8. 醛和酮与氨的衍生物的反应是加成-脱水反应，这一反应又叫作羰基化合物与氨的衍生物的_____反应。

9. 银氨溶液又叫_____，是在_____溶液中滴加氨水，直至生成的沉淀恰好溶解时所得的溶液。

10. 将二氧化硫通入品红（红色的染料）的水溶液中后，品红的红色褪去，得到的无色溶液称为_____。

二、选择题

1. 室内装潢和家具挥发出来的甲醛是室内空气的主要污染物。甲醛易溶于水，常温下有强烈刺激性气味，当温度超过20℃时，挥发速度加快。根据甲醛的这些性质，下列做法错误的是（　　）。
   A. 入住前房间内保持一定湿度并通风
   B. 装修尽可能选择在温度较高的季节
   C. 请环境监测部门检测室内甲醛含量低于国家标准后入住
   D. 紧闭门窗一段时间后入住

2. 做过银镜反应实验的试管内壁上附着一层银，洗涤时可选用（　　）。
   A. 浓氨水　　　B. 盐酸　　　C. 稀硝酸　　　D. 烧碱

3. 关于丙烯醛（$CH_2=CH-CHO$）的叙述不正确的是（　　）。
   A. 可使溴水和 $KMnO_4$ 溶液褪色
   B. 与足量的 H_2 加成生成丙醛
   C. 能发生银镜反应
   D. 在一定条件下可氧化成酸

4. 某 3g 醛与足量的银氨溶液反应，结果析出 43.2g 银，则该醛为（   ）。
   A. 甲醛　　　　　　B. 乙醛　　　　　　C. 丙醛　　　　　　D. 丁醛
5. 关于乙醛的下列反应中，乙醛被还原的是（   ）。
   A. 乙醛的银镜反应　　　　　　　　B. 乙醛制乙醇
   C. 乙醛与新制氢氧化铜的反应　　　D. 乙醛的燃烧反应
6. 关于甲醛的下列说法中错误的是（   ）。
   A. 甲醛是最简单的一种醛，易溶于水
   B. 甲醛是一种无色、有刺激性气味的气体
   C. 甲醛的水溶液被称为福尔马林（formalin）
   D. 福尔马林有杀菌、防腐性能，所以市场上用来浸泡海产品等
7. 下列叙述中，不正确的是（   ）。
   A. 含有醛基的化合物都能发生银镜反应
   B. 醛类化合物既能发生氧化反应又能发生还原反应
   C. 在有机化学反应中，加氢或失氧都是还原反应
   D. 在氧气中燃烧生成二氧化碳和水的有机物的组成中，一定含有氧元素
8. 下类有关银镜反应实验说法正确的是（   ）。
   A. 试管先用热烧碱溶液洗涤，然后用蒸馏水洗涤
   B. 向 2% 的稀氨水中滴加 2% 的硝酸银溶液，配得银氨溶液
   C. 采用水浴加热，不能直接加热
   D. 可用浓盐酸洗去银镜

三、用系统命名法命名下列各化合物

1. $CH_3CH_3CCH_3$（中间C=O）

2. $HO-\text{⟨}-\text{⟩}-CHO$

3. $CH_2=CHCCH_2CH_3$（C=O）

4. $\text{Ph}-CH_2CH_2CCH_3$（C=O）

5. $CH_3CH_2CHCH_2CH_3$，中间CH上有CH_3支链，且为C=O

6. $CH_3CCH_2CH=CH_2$（C=O）

四、根据名称写出下列化合物的构造式

1. 异丁醛

2. 甲乙酮

3. 新戊醛

4. 3,4-二甲基-5-乙基十一醛

5. 3-甲基-2-乙基壬醛

6. 2-甲基-4-乙基-3-己酮

7. 3,3-二甲基-2,4-戊二酮

五、完成下列反应式

1. $CH_3CH_2CH_2MgBr + CH_3\overset{O}{\underset{\|}{C}}CH_3 \xrightarrow{\text{干醚}} \xrightarrow{H_3O^+}$

2. $CH_3\overset{O}{\underset{\|}{C}}CH_3 + Br_2 \xrightarrow[65℃]{CH_3COOH}$

3. $HCHO + Cu(OH)_2 + NaOH \longrightarrow$

4. $HCHO + HCHO \xrightarrow[\triangle]{\text{浓}NaOH}$

5. $HCHO + \text{C}_6\text{H}_5\text{—CHO} \xrightarrow[\triangle]{\text{浓}NaOH}$

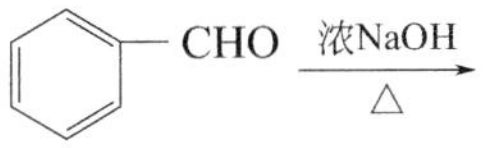

六、用简便的化学方法鉴别下列各组化合物

1. 1-戊酮和 2-戊酮

2. 苯乙酮和苯甲醛

七、推断题

某化合物 A 的分子式为 $C_4H_8O_2$，A 对碱稳定，但在酸性条件下可水解生成 C_2H_4O(B) 和 C_2H_6O(C)；B 可与苯肼反应，也可发生碘仿反应，并能还原斐林试剂；C 在碱性条件下可与 Cu^{2+} 作用得到深蓝色溶液。试推测 A、B、C 的构造式（提示：新制的氢氧化铜与多羟基醇发生反应，生成深蓝色物质）。

第十章 羧酸及其衍生物

A组 练习题

一、填空题

1. 羧酸常用通式为_____和_____。
2. _____是羧酸的官能团。
3. 羧酸在加热条件下脱去 CO_2 的反应叫_____。
4. 酯在酸性条件发生水解反应，生成_____和_____。
5. 写出下列常见羧酸及羧酸衍生物的化学式：甲酸_____；乙酸丙酸酐_____；乙酸甲酯_____；苯甲酰氯_____。

二、选择题

1. 甲酸不具备的性质是（　　）。
   A. 酸性　　　　　　　　　　　B. 碱性
   C. 还原性　　　　　　　　　　D. 与斐林试剂发生铜镜反应
2. 不能说明乙酸是弱酸的事实是（　　）。
   A. 乙酸能与碳酸钠反应生成 CO_2　　B. 乙酸跟水能与任意比例混溶
   C. 乙酸溶液能使紫色石蕊试纸变红　　D. 0.1mol/L乙酸的pH值约为3
3. 加热油脂与氢氧化钾溶液的混合物，可生成甘油和高级脂肪酸钾，此反应称为（　　）。
   A. 酯化　　　　B. 乳化　　　　C. 氢化　　　　D. 皂化
4. 下列物质中属于羧酸衍生物的是（　　）。

   A. 环己基-COOH-CH₂-CH₃　　B. 邻甲基苯二甲酸　　C. $CH_3-C=CH_2$（CH₃）　　D. $CH_3-\overset{O}{\underset{\|}{C}}-Br$

5. 下列属于酯水解产物的是（　　）。
   A. 羧酸和醇　　B. 羧酸和醛　　C. 醛和酮　　D. 羧酸和酮
6. 将下列化合物按水解反应活性从易到难排序正确的是（　　）。

A. 酰氯＞酸酐＞酯＞酰胺   B. 酸酐＞酰氯＞酯＞酰胺
C. 酰胺＞酯＞酸酐＞酰氯   D. 酸酐＞酯＞酰氯＞酰胺

7. 羧酸衍生物水解的共同产物是（　　）。

  A. 羧酸　　　　B. 醇　　　　C. 氨气　　　　D. 水

8. 比较化合物乙酸、乙醚、苯酚、碳酸的酸性大小是（　　）。

  A. 乙酸＞苯酚＞乙醚＞碳酸   B. 乙酸＞乙醚＞碳酸＞苯酚
  C. 乙酸＞碳酸＞苯酚＞乙醚   D. 乙酸＞碳酸＞乙醚＞苯酚

9. 下列化合物中，既可以使高锰酸钾溶液褪色，又可以使溴水褪色，还能与 NaOH 发生中和反应的是（　　）。

  A. $CH_2=CH_2$　　B. CH_3-CH_3　　C. NH_3　　D. $H-\overset{\overset{O}{\|}}{C}-OH$

10. 下列关于酯的叙述中，不正确的为（　　）。

  A. 甲酸和乙酸发生酯化反应生成甲酸乙酯
  B. 羧酸和醇在强酸的存在下加热，可得到酯
  C. 果类和花草中存在着有芳香气味的低级酯
  D. 水解反应是酯化反应的逆反应

三、用系统命名法命名下列各化合物

1. C₆H₅—COCl（苯甲酰氯结构式）

2. $H_3C-CH_2-\underset{\underset{CH_3}{|}}{\overset{\overset{CH_2}{|}}{CH}}-CH_2-COOH$

3. 邻羟基苯甲酸（COOH, OH 邻位取代苯）

4. $C_2H_5-\overset{\overset{O}{\|}}{C}-NH_2$

5. 环己基—$\underset{\underset{CH_3}{|}}{CH}-CH_2COOH$

四、根据名称写出下列化合物的构造式

1. 3,5-二硝基苯甲酸   2. 乙二酸

3. 甲酸甲酯　　　　　　　　　　4. 乙酰氯

5. 苯甲酸酐

五、完成下列反应式

1. $3CH_3-\overset{O}{\underset{\|}{C}}-OH + PCl_3 \longrightarrow$

2. $CH_3-\overset{O}{\underset{\|}{C}}-OH + CH_3-\overset{O}{\underset{\|}{C}}-OH \xrightarrow[加热]{P_2O_5}$

3. $CH_3CH_2-\overset{O}{\underset{\|}{C}}-OH + SOCl_2 \longrightarrow$

4. $CH_3-\overset{O}{\underset{\|}{C}}-OH + CH_3OH \underset{}{\overset{H^+}{\rightleftharpoons}}$

5. $C_2H_5-\overset{O}{\underset{\|}{C}}-OH + NH_3 \xrightarrow{加热}$

6. $CH_3-\overset{O}{\underset{\|}{C}}-O-\overset{O}{\underset{\|}{C}}-CH_3 + H_2O \xrightarrow{煮沸}$

7. $CH_3CH_2-\overset{O}{\underset{\|}{C}}-O-CH_3 + H_2O \xrightarrow[或OH^-]{H^+}$

8. $CH_3-\overset{O}{\underset{\|}{C}}-NH_2 + H_2O \xrightarrow{HCl}$

9. $CH_3-\overset{O}{\underset{\|}{C}}-Cl \xrightarrow{LiAlH_4}$

10. $CH_3CH_2-\overset{O}{\underset{\|}{C}}-NH_2 \xrightarrow[NaOH,H_2O]{Br_2}$

六、用简便的化学方法鉴别下列各组化合物

1. 甲酸和乙酸

2. 苯甲酸、苯酚、苯甲醇和苯甲醛

七、推断题

某一直链二元酸酯 A 的分子式为 $C_{10}H_{18}O_4$，发生狄克曼成环反应后得到化合物 B（$C_8H_{12}O_3$），B 进行水解及脱羧后得到化合物 C（C_5H_8O），C 可被还原为 D（$C_5H_{10}O$），也可被还原为 E（C_5H_{10}）。试写出 A、B、C、D、E 结构式。

A 的结构式是＿＿＿＿＿＿＿＿＿＿＿＿＿＿＿＿＿＿＿＿＿＿＿＿＿＿＿＿＿＿＿＿＿。
B 的结构式是＿＿＿＿＿＿＿＿＿＿＿＿＿＿＿＿＿＿＿＿＿＿＿＿＿＿＿＿＿＿＿＿＿。
C 的结构式是＿＿＿＿＿＿＿＿＿＿＿＿＿＿＿＿＿＿＿＿＿＿＿＿＿＿＿＿＿＿＿＿＿。
D 的结构式是＿＿＿＿＿＿＿＿＿＿＿＿＿＿＿＿＿＿＿＿＿＿＿＿＿＿＿＿＿＿＿＿＿。
E 的结构式是＿＿＿＿＿＿＿＿＿＿＿＿＿＿＿＿＿＿＿＿＿＿＿＿＿＿＿＿＿＿＿＿＿。

八、合成题

1. 以乙醇为原料合成乙酰氯（试剂和条件任选）。

2. 由丙二酸二乙酯合成 2,6-二甲基环己醇（试剂和条件任选）。

B组
练习题

一、填空题

1. 常温常压下，饱和一元羧酸中，甲酸、乙酸、丙酸是_____色并有_____味的液体。
2. 酰卤、酸酐、酯和酰胺分子中都含有_____。
3. 油脂在碱性水解时，则生成高级脂肪酸盐，也就是肥皂的主要成分，因此油脂的碱性水解叫作_____。
4. 所有饱和一元羧酸中，酸性最强的是_____。
5. 乙酸乙酯的化学式为_____。

二、选择题

1. 下列乙酸的衍生物进行水解反应的快慢顺序为（   ）。
   ①乙酰氯　　②乙酸乙酯　　③乙酸酐　　④乙酰胺
   A. ①＞②＞③＞④   B. ③＞①＞④＞②
   C. ②＞④＞①＞③   D. ①＞③＞②＞④

2. 常温常压下，饱和一元羧酸中，甲酸、乙酸、丙酸是无色并有刺激性酸味的（   ）。
   A. 气体　　　　B. 固体　　　　C. 液体　　　　D. 不一定

3. 下列化合物中，不属于羧酸衍生物的是（   ）。
   A. $CH_3-\overset{O}{\underset{\parallel}{C}}-OCH_3$　　B. 苯环-$\overset{O}{\underset{\parallel}{C}}-Cl$　　C. 苯环-$O-CH_3$　　D. $H_3C-\overset{O}{\underset{\parallel}{C}}-NH_2$

4. 药物分子中引入乙酰基，常用的乙酰化剂是（   ）。
   A. 乙酰氯　　　B. 乙醛　　　　C. 乙醇　　　　D. 乙酸

5. $CH_3CH_2CH_2OCOCH_3$ 的名称是（   ）。
   A. 丙酸乙酯　　B. 乙酸正丙酯　　C. 正丁酸甲酯　　D. 甲酸正丁酯

6. 丙酰卤的水解反应主要产物是（   ）。
   A. 丙酸　　　　B. 丙醇　　　　C. 丙酰胺　　　D. 丙酸酐

7. $CH_3-\overset{O}{\underset{\parallel}{C}}-O-\overset{O}{\underset{\parallel}{C}}-CH_2CH_3$ 的化学名称是（   ）。
   A. 丙酸乙酯　　B. 乙丙酸酐　　C. 乙酰丙酸酯　　D. 乙酸丙酯

8. 增塑剂 DBP（邻苯二甲酸二丁酯）是由下列哪两种物质合成的？（   ）
   A. 丁醇和邻苯二甲酸酐　　　　B. 丁酸和邻苯二酚
   C. 邻苯二甲酸酐和氯丁烷　　　D. 邻苯二酚和甲酸丁酯

9. $NH_2-\overset{O}{\underset{\parallel}{C}}-NH_2$ 的名称不是下列哪一个？（   ）
   A. 碳酰胺　　　B. 尿素　　　　C. 乙酰胺　　　D. 脲

10. 下列哪一项不是尿素的化学性质？（　　）
   A. 放氨反应　　　B. 水解反应　　　C. 缩合反应　　　D. 加成反应

三、用系统命名法命名下列各化合物

1. 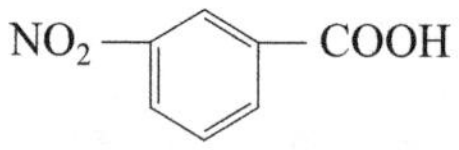 NO_2—C$_6$H$_4$—COOH (间位)

2. $CH_2=C(CH_3)-COOH$

3. $CH_3CH=CHCOOH$

4. $CH_3-CH(CH_3)-C(=O)-Br$

5. $C_{15}H_{31}COOH$

四、根据名称写出下列化合物的构造式

1. 正丁酸

2. 碳酰胺

3. 三氯乙酸

4. 乙酸丙酸酐

5. 苯甲酰氯

五、完成下列反应式

1. $CH_3-C(=O)-OH + SOCl_2 \longrightarrow$

2. $C_2H_5-C(=O)-OH + CH_3-C(=O)-OH \xrightarrow[\text{加热}]{P_2O_5}$

3. $CH_3-C(=O)-OH + NH_3 \xrightarrow{\text{加热}}$

4. $CH_3-\underset{\underset{O}{\|}}{C}-ONa + NaOH \xrightarrow[\text{加热}]{CaO}$

5. $CH_3-\underset{\underset{O}{\|}}{C}-O-CH_3 + H_2O \xrightarrow{H^+}$

6. $CH_3-\underset{\underset{O}{\|}}{C}-NH_2 \xrightarrow{LiAlH_4}$

7. $CH_3-\underset{\underset{O}{\|}}{C}-Cl + NH_3 \longrightarrow$

8. $CH_3-\underset{\underset{O}{\|}}{C}-Cl \xrightarrow{LiAlH_4}$

9. $\begin{array}{l} CH_2-O-\overset{O}{\overset{\|}{C}}-C_{17}H_{33} \\ CH-O-\overset{O}{\overset{\|}{C}}-C_{15}H_{31} \\ CH_2-O-\overset{O}{\overset{\|}{C}}-C_{17}H_{35} \end{array} + 3NaOH \xrightarrow{\text{加热}}$

10. $NH_2-\underset{\underset{O}{\|}}{C}-NH_2 \xrightarrow[\text{尿酸酶}]{H_2O}$

六、用简便的化学方法鉴别下列各组化合物

1. 乙酸、草酸和丙二酸

2. 甲酸乙酯、乙酸乙酯和乙酰胺

七、比较下列化合物酸性强弱

1. 3,5-二硝基苯甲酸、苯甲酸、间硝基苯甲酸、对甲基苯甲酸

2. CH_3COOH、CF_3COOH、⟨benzene⟩—OH、$CH_2BrCOOH$、C_2H_5OH、$Br_2CHCOOH$

3. 乙酸、丙二酸、乙二酸、苯酚

4. $CH_3CH_2NH_2$、CH_3CONH_2、H_2NCONH_2

八、合成题

1. 以乙醇为原料,合成乙酸乙酯(试剂和条件任选)。

2. 以乙酰乙酸乙酯为原料合成 2,5-己二酮(试剂和条件任选)。

第十一章　含氮有机化合物

A组 练习题

一、填空题

1. 烃分子中的氢原子被_____取代后的化合物称为硝基化合物；烃分子中的氢原子被_____取代后的生成物称为腈。
2. 因苯胺和苯酚都能与浓溴水反应生成_____沉淀，所以不能用其来鉴别。
3. 官能团常常能反应一类物质的特征反应，伯胺的官能团是_____，仲胺的官能团是_____，叔胺的官能团是_____。
4. 重氮盐与芳胺偶联时，在_____性或_____性条件下进行，而与苯酚的偶联反应通常在_____性条件下进行。
5. 胺的碱性是由_____效应和_____效应两方面决定的。

二、选择题

1. 下列胺中碱性最弱的是（　　）。
   A. 二乙胺　　　　B. 三乙胺　　　　C. 二苯胺　　　　D. 三苯胺
2. 下列物质中能与亚硝酸反应生成 N-亚硝基化合物的是（　　）。
   A. CH_3NH_2　　　　　　　　　　B. $C_6H_5-NH-CH_3$
   C. $(CH_3)_2CH-NH_2$　　　　　　D. $(CH_3)_3N$
3. 下列物质中属于季铵盐的是（　　）。
   A. $(CH_3)_2\overset{+}{N}H_2Cl^-$　　　　　　　　B. $(CH_3)_3\overset{+}{N}HCl^-$
   C. $(CH_3)_4\overset{+}{N}Cl^-$　　　　　　　　D. $CH_3\overset{+}{N}H_3Cl^-$
4. 在碱性条件下，下列各组物质可以用苯磺酰氯加以鉴别的是（　　）。
   A. 甲胺和乙胺　　　　　　　　　B. 二乙胺和甲乙胺
   C. 二甲胺和三甲胺　　　　　　　D. 二甲胺和二乙胺
5. 偶氮化合物的作用不包括（　　）。
   A. 酸碱指示剂　　B. 染料　　　　C. 消毒剂　　　　D. 乳化剂

061

6. 下列物质中，不能与溴水发生反应的是（   ）。
   A. 苯　　　　　　B. 苯胺　　　　　　C. 苯酚　　　　　　D. 邻甲基苯胺
7. 下列化合物中有氨基的是（   ）。
   A. 二乙胺　　　　B. 乙二胺　　　　　C. 甲乙胺　　　　　D. 三苯胺
8. 在低温下及过量强酸中，能与亚硝酸反应生成重氮盐的是（   ）。
   A. 二甲胺　　　　B. 三甲胺　　　　　C. 苯胺　　　　　　D. *N*-甲基苯胺
9. 下列物质属于叔胺的是（   ）。
   A. $(CH_3)_3C—NH_2$　　　　　　　　B. $(CH_3)_3N$
   C. $(CH_3)_2NH$　　　　　　　　　　D. $(CH_3)_2CH—NH_2$
10. 下列化合物中与 HNO_2 反应不放出 N_2 的是（   ）。
    A. $(CH_3)_3C—NH_2$　　　　　　　B. $(C_2H_5)_2NH$
    C. CH_3NH_2　　　　　　　　　　D. $CH_3CHCOOH$
    　　　　　　　　　　　　　　　　　　　　　$|$
    　　　　　　　　　　　　　　　　　　　　NH_2

三、用系统命名法命名下列各化合物

1. $CH_3CH_2NHCH(CH_3)_2$　　　　　　2. $[(CH_3)_3NCH(CH_3)_2]Br$

3. $H_2N—CH_2CH_2—NH_2$　　　　　　4. 苯基—CH(CH_3)—NHCH_3

5. $O_2N—$⬡$—N_2^+Cl^-$

四、根据名称写出下列化合物的构造式

1. 苦味酸　　　　　　　　　　　　　　2. 三乙胺

3. 邻苯二胺　　　　　　　　　　　　　4. 对甲基苯胺

5. 氯化重氮苯

五、写出下列反应式的主要产物

1. 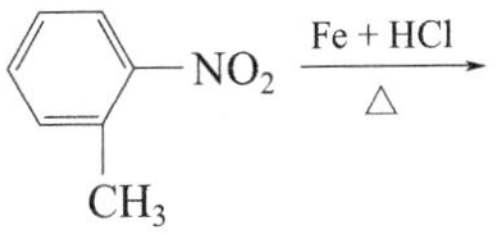 邻硝基甲苯 $\xrightarrow{\text{Fe + HCl}, \Delta}$

2. 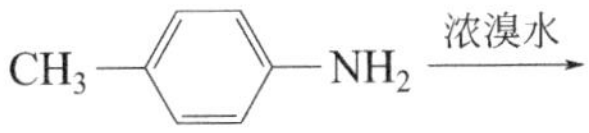 CH_3-对-苯胺 $\xrightarrow{\text{浓溴水}}$

3. 邻甲基苯胺 $\xrightarrow{\text{NaNO}_2 + \text{HCl}}$

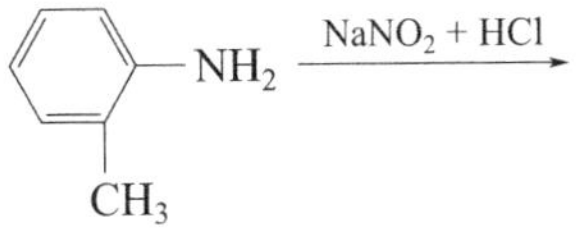

4. 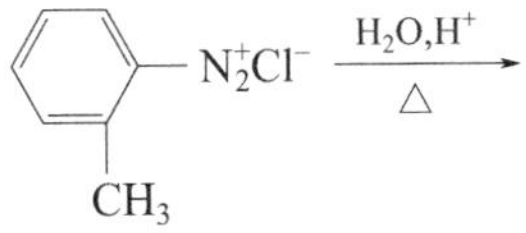 邻甲基苯重氮氯化物 $\xrightarrow{H_2O, H^+, \Delta}$

5. $CH_3CH_2CN + H_2O \xrightarrow{H^+, \Delta}$

6. $(CH_3CH_2)_2NH \xrightarrow{\text{NaNO}_2 + \text{HCl}}$

7. 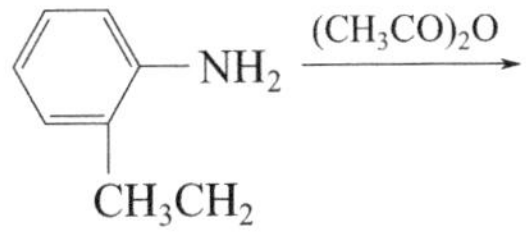 邻乙基苯胺 $\xrightarrow{(CH_3CO)_2O}$

8. $CH_3CH_2CN \xrightarrow{H_2, Ni, \text{高压}}$

六、用简便的化学方法鉴别下列各组化合物

1. 苯胺和二苯胺

2. 间甲基苯胺和苄胺

七、推断题

1. A、B、C 三个化合物分子式均为 C_3H_9N，当与亚硝酸作用时，A 和 B 可生成三个碳原子的醇，C 与之成盐。A 生成的醇氧化可得丙酸，B 生成的醇氧化得丙酮。试写出 A、B、C 的结构式。

A 的结构式是＿＿＿＿＿＿＿＿＿＿＿＿＿＿＿＿＿＿＿＿＿＿＿＿＿＿＿＿＿＿＿＿＿＿。
　　B 的结构式是＿＿＿＿＿＿＿＿＿＿＿＿＿＿＿＿＿＿＿＿＿＿＿＿＿＿＿＿＿＿＿＿＿＿。
　　C 的结构式是＿＿＿＿＿＿＿＿＿＿＿＿＿＿＿＿＿＿＿＿＿＿＿＿＿＿＿＿＿＿＿＿＿＿。

2. 某化合物 A 的分子式为 $C_8H_{11}N$，能溶于盐酸，但不与亚硝酸反应放出氮气，也不被酰化；如果和亚硝酸作用则生成 B($C_8H_{10}ON_2$) 的绿色固体，后者经还原后，得分子式为 $C_8H_{12}N_2$（C）的化合物。试写出 A、B、C 的结构式。

　　A 的结构式是＿＿＿＿＿＿＿＿＿＿＿＿＿＿＿＿＿＿＿＿＿＿＿＿＿＿＿＿＿＿＿＿＿＿。
　　B 的结构式是＿＿＿＿＿＿＿＿＿＿＿＿＿＿＿＿＿＿＿＿＿＿＿＿＿＿＿＿＿＿＿＿＿＿。
　　C 的结构式是＿＿＿＿＿＿＿＿＿＿＿＿＿＿＿＿＿＿＿＿＿＿＿＿＿＿＿＿＿＿＿＿＿＿。

八、合成题

1. 由乙醇合成丙胺（试剂和条件任选）。

2. 由 环己酮 合成 N-甲基环己胺 （试剂和条件任选）。

B组
练习题

一、填空题

1. 胺可以看作是＿＿＿＿＿＿分子中的氢原子被＿＿＿＿＿＿取代后生成的化合物，根据分子中氢原子被＿＿＿＿＿＿取代的数目不同，将胺分为＿＿＿＿＿＿、＿＿＿＿＿＿和＿＿＿＿＿＿。

2. 芳胺易被氧化，空气中的氧即可将其氧化，所以在有机合成中，如果要氧化芳胺环上的其他基团，必须先要＿＿＿＿＿＿。

3. 当酚羟基的邻位或对位上连有强吸电子的硝基时，羟基上的＿＿＿＿＿＿很容易离解成质子，因此，_____增强，随着取代硝基的数目增多，影响增大，酸性_____。

4. 脂肪族胺的碱性比氨_____，芳香族胺的碱性比氨_____。

5. 重结晶中溶剂的选择常根据_____原理。

二、选择题

1. 下列胺中不属于仲胺的是（　　）。

    A. $CH_3CH_2NHCH_3$
    B. $CH_3CHCH_2CH(CH_3)_2$
       　　　|
       　　NH_2
    C. ⌬—$NHCH_3$
    D. $CH_3NHCHCH_3$
       　　　　　|
       　　　　CH_3

2. 下列物质不可以发生酰基化反应的是（　　）。

    A. 尿素
    B. 对乙基苯胺
    C. N-乙基苯胺
    D. N,N-二乙基苯胺

3. 下列有机物命名正确的是（　　）。

    A. $CH_3—N—CH_2—CH_3$
       　　　|
       　$CH_2—CH_3$

       N-甲基二乙胺

    B. ⌬—$NHCH_3$

       甲基苯胺

    C. CH_3—⌬—NH_2

       对甲基苯胺

    D. ⌬—$N—CH_3$
       　　　|
       　CH_2CH_3

       甲乙苯胺

4. 一般重氮盐与芳胺的偶联反应是在（　　）介质中进行的。

    A. 强酸性　　　B. 弱酸性　　　C. 强碱性　　　D. 弱碱性

5. 下列反应属于偶联反应的是（　　）。

   A. ⌬—$\overset{+}{N_2}Cl^-$ + ⌬⌬—OH $\xrightarrow{弱碱性}$

   B. ⌬—$\overset{+}{N_2}Cl^-$ $\xrightarrow{H_3PO_2,H_2O}$

   C. ⌬—$\overset{+}{N_2}Cl^-$ $\xrightarrow{CuCN,KCN}$

   D. ⌬—$\overset{+}{N_2}Cl^-$ $\xrightarrow{CuCl,HCl}$

三、用系统命名法命名下列各化合物

1. $CH_3CH_2NCH_3$
   　　　　|
   　　　CH_3

2. ⌬—$N—CH_3$
   　　　|
   　CH_3CH_2

3. $CH_2=CH—\overset{+}{N}(CH_3)_3Br^-$

4. ⌬—$N=N$—⌬

5. 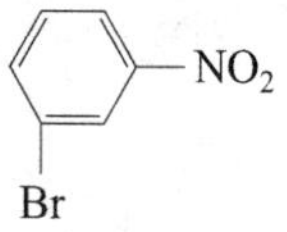 [3-溴硝基苯的结构图]

四、根据名称写出下列化合物的构造式

1. 3-氨基戊烷

2. *N*-甲基-3-甲基苯胺

3. 对硝基氯化苄

4. *N*-甲基-2-萘胺

5. TNT

五、将下列各组化合物按碱性由强到弱的顺序排列

1. 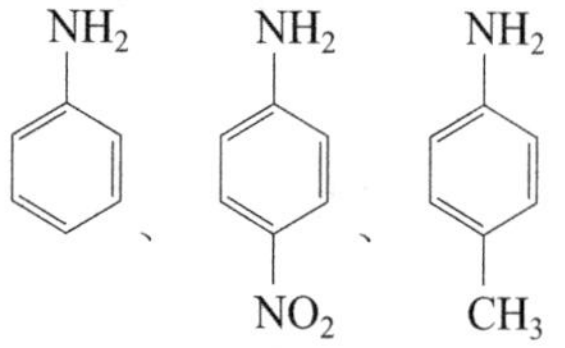 苯胺、对硝基苯胺、对甲基苯胺

2. CH_3CONH_2、CH_3NH_2、NH_3

3. 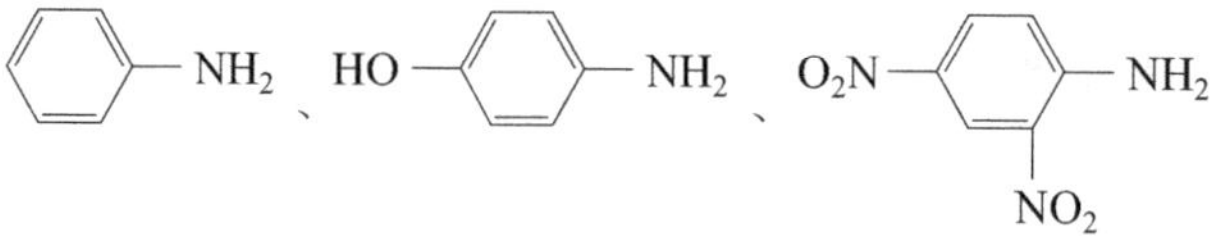 苯胺、对羟基苯胺、2,4-二硝基苯胺

六、写出下列反应式的主要产物

1. $CH_3CH_2CH_2NH_2$ + HBr ⟶

2. 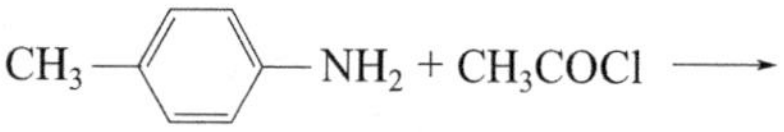 CH_3—C₆H₄—NH_2 + CH_3COCl ⟶

3. C₆H₅—N(CH₃)(CH₂CH₃) + HNO_2 ⟶

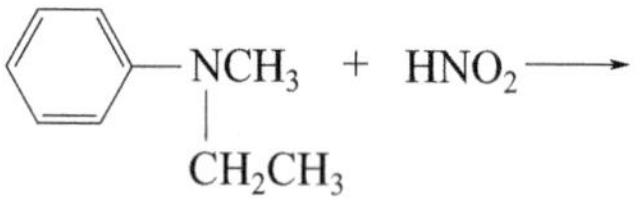

4. 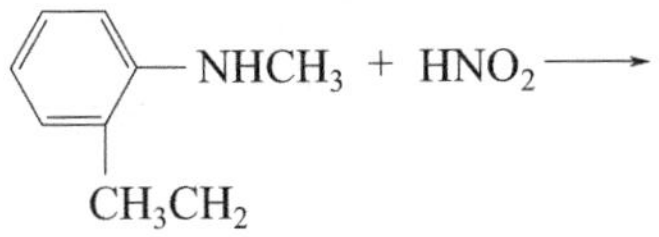 (邻乙基-N-甲基苯胺) + HNO$_2$ ⟶

5. 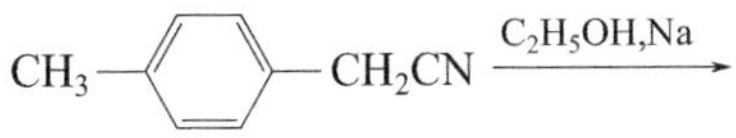 CH$_3$-C$_6$H$_4$-CH$_2$CN $\xrightarrow{C_2H_5OH, Na}$

6. O$_2$N-C$_6$H$_5$ $\xrightarrow[\Delta]{\text{发烟硫酸}}$

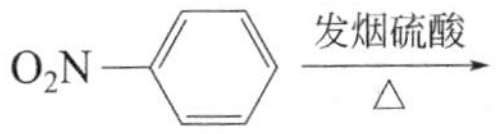

七、用简便的化学方法鉴别下列各组化合物

1. 甲胺、甲酸和甲醛

2. 苯胺、苯酚和苯甲醇

八、合成题

1. 以苯为原料，合成间溴苯酚（试剂和条件任选）。

2. 由苯胺合成对苯二胺（试剂和条件任选）。

第十二章　杂环化合物

A组 练习题

一、填空题

1. 单杂环中常见的五元杂环和六元杂环分别是_____和_____。
2. 呋喃的结构式是_____。
3. 吡咯_____于水，呋喃、噻吩_____于水，三者均_____于有机溶剂。
4. 在催化剂的存在下，呋喃进行加氢反应，生成_____。
5. 喹啉发生取代反应时，引入的取代基主要进入喹啉的第_____位和第_____位。

二、选择题

1. 杂环化合物 (吡咯结构) 的名称是（　　）。
   A. 吡咯　　B. 吡喃　　C. 吡啶　　D. 呋喃

2. 吡喃环属于哪一类杂环？（　　）
   A. 硼杂环　　B. 氧杂环　　C. 氮杂环　　D. 硫杂环

3. 下列化合物不属于五元杂环的是（　　）。
   A. 呋喃　　B. 吡啶　　C. 噻吩　　D. 吡咯

4. 叶绿素和血红素中存在的卟啉系统的基本单元是（　　）。
   A. 噻唑　　B. 呋喃　　C. 噻吩　　D. 吡咯

5. 下列化合物发生取代反应速率最快的是（　　）。
   A. 吡啶　　B. 苯　　C. 吡咯　　D. 硝基苯

6. 下列化合物中属于五元含氮杂环化合物的是（　　）。
   A. 呋喃　　B. 吡咯　　C. 噻吩　　D. 吡啶

7. 吡啶环上发生的取代反应（　　）。
   A. 比苯容易　　　B. 与苯相同　　　C. 比苯困难

8. 碱性最强的化合物是（　　）。

   A. 吡啶　　B. 吡咯　　C. 六氢吡啶　　D. 四氢吡喃

9. 下列杂环化合物芳香性顺序为（　　）。
   A. 呋喃＞噻吩＞吡咯　　　B. 吡咯＞呋喃＞噻吩
   C. 噻吩＞吡咯＞呋喃　　　D. 吡咯＞噻吩＞呋喃

10. 下列取代反应活性顺序排列正确的是（　　）。
    A. 吡咯＞吡啶＞苯　　　B. 苯＞吡咯＞吡啶
    C. 吡咯＞苯＞吡啶　　　D. 吡啶＞吡咯＞苯

三、用系统命名法命名下列各化合物

1. 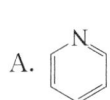   2. （呋喃-COOH）

3. （1-甲基吡咯）   4. （4-甲基咪唑）

5. （吡啶-2,3-二COOH）

四、根据名称写出下列化合物的构造式

1. 六氢吡啶　　　　　　2. 2-溴呋喃

3. 3-甲基吲哚　　　　　4. 2-氨基噻吩

5. 尿嘧啶   6. 鸟嘌呤

五、完成下列反应式

1. 2-甲基噻吩 $\xrightarrow{HNO_3/H_2SO_4}$

2. 吡咯 $\xrightarrow{CH_3I, 60℃}$

3. 2-甲基呋喃 $\xrightarrow{(CH_3CO)_2O/BF_3}$

4. 糠醛 $\xrightarrow{CH_3CHO/稀OH^-}$

5. 3-硝基噻吩 $\xrightarrow{Br_2/CH_3COOH}$

6. 3-乙基吡啶 + H_2SO_4 $\xrightarrow{\triangle}$

7. 2-甲基吡啶 $\xrightarrow{KMnO_4/H^+}$ $\xrightarrow{PCl_5}$ $\xrightarrow{NH_3}$ $\xrightarrow{Cl_2/浓NaOH}$

8. 喹啉 $\xrightarrow{浓H_2SO_4/HNO_3}$

9. 4-氯-3-硝基吡啶 $\xrightarrow{CH_3ONa/CH_3OH, \triangle}$

10. 2-甲基-5-羟基吡啶 + Cl_2 $\xrightarrow{NaOH}$

六、用简便的化学方法鉴别下列各组化合物

1. 吡啶和喹啉

2. 苯、噻吩和苯酚

七、比较下列化合物的取代反应活性

1. (1) 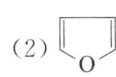　　(2) 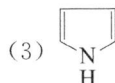　　(3)

2. (1) 　　(2) 　　(3)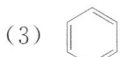

B组 练习题

一、填空题

1. 稠杂环常由＿＿＿＿＿与单杂环或＿＿＿＿＿与单杂环稠合而成。
2. 噻吩的结构式是＿＿＿＿＿。
3. 呋喃为＿＿＿＿＿液体，易＿＿＿＿＿。
4. 在催化剂的存在下，噻吩进行加氢反应，生成＿＿＿＿＿。
5. 喹啉具有＿＿＿＿＿性和＿＿＿＿＿性，可以发生＿＿＿＿＿和＿＿＿＿＿反应。

二、选择题

1. 下列化合物中属于稠杂环的是（　　）。
   A. 吡喃　　　　B. 吡啶　　　　C. 嘌呤　　　　D. 嘧啶
2. 下列物质中，能使高锰酸钾溶液褪色的是（　　）。
   A. 苯　　　　B. 2-硝基吡啶　　　　C. 3-甲基吡啶　　　　D. 吡啶
3. 下列化合物中，能发生银镜反应的是（　　）。
   A. 2-羟基呋喃　　B. 2-呋喃甲醛　　C. 2-硝基呋喃　　D. 2-甲基呋喃
4. 既显弱酸性又显弱碱性的物质是（　　）。
   A. 吡咯　　　　B. 吡啶　　　　C. 噻吩　　　　D. 呋喃

5. 化合物 的名称是（   ）。
   A. 吡咯　　　　　B. 吡喃　　　　　C. 吡啶　　　　　D. 呋喃

6. 碱性最弱的化合物是（   ）。
   A.　　　　　B.　　　　　C.　　　　　D.

7. 下列化合物发生取代反应速率最慢的是（   ）。
   A.　　　　　B.　　　　　C.　　　　　D.

8. 下列化合物中属于六元杂环化合物的是（   ）。
   A. 呋喃　　　　　B. 吡咯　　　　　C. 噻吩　　　　　D. 吡啶

9. 下列化合物在水溶液中的碱性最强的是（   ）。
   A.　　　　　B. CH_3NH_2　　　　　C. NH_3　　　　　D.

10. 噻吩环属于哪一类杂环化合物？（   ）
    A. 硼杂环　　　　　B. 氧杂环　　　　　C. 氮杂环　　　　　D. 硫杂环

三、用系统命名法命名下列各化合物

1.

2.

3.

4.

5.

四、根据名称写出下列化合物的构造式

1. 四氢呋喃　　　　　2. 糠醛

3. 8-羟基喹啉　　　　　　　　　4. γ-吡啶甲酸

5. α-呋喃甲醇　　　　　　　　　6. 胸腺嘧啶

五、完成下列反应式

1. 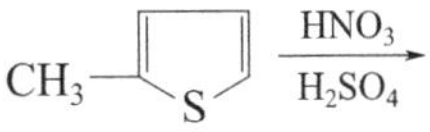 CH₃-噻吩 + HNO₃/H₂SO₄ →

2. 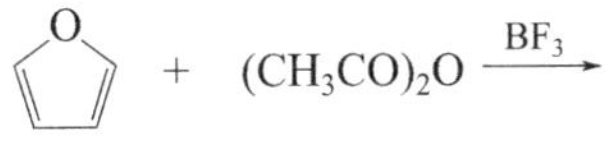 呋喃 + (CH₃CO)₂O —BF₃→

3.  呋喃-2-CHO + Br₂ →

4. 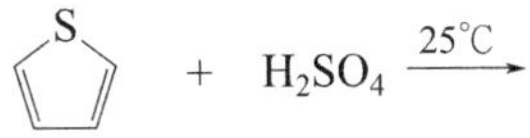 噻吩 + H₂SO₄ —25℃→

5. 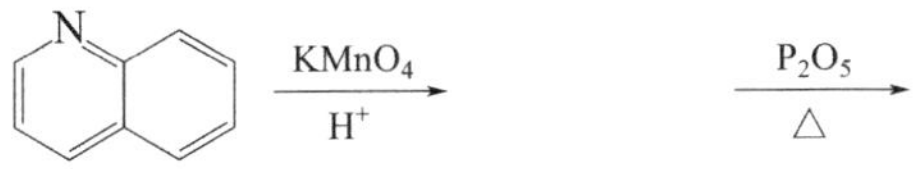 喹啉 —KMnO₄/H⁺→ —P₂O₅/Δ→

6. 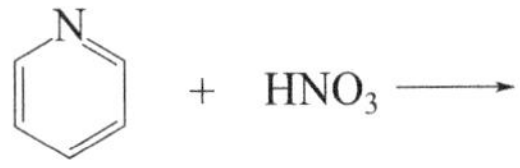 吡啶 + HNO₃ →

7.  吡啶 + HCl →

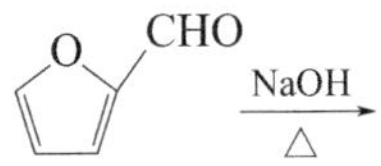

8.  噻吩 + CH₃CONO₂ —−10℃→

9. 呋喃-2-CHO —NaOH/Δ→

10. 4,3-二溴-2-乙氧基吡啶 + KNH₂ —NH₃→

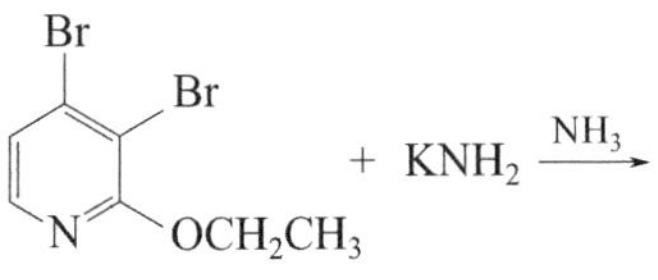

六、用简便的化学方法鉴别下列各组化合物

1. 吡咯和四氢吡咯

2. 吡啶、γ-甲基吡啶、苯胺

七、将下列化合物按其碱性由强至弱的次序排列

1. 苯胺、吡咯、吡啶

2. 苄胺、吡啶、氨

第十三章 糖类和蛋白质

A组 练习题

一、填空题

1. 糖类是由_____三种元素组成的，糖类又称_____。
2. 麦芽糖和蔗糖是最重要的_____，分子式均为_____，互为_____。
3. 根据性质和结构不同，淀粉分为_____和_____。
4. α-氨基酸分子的共同特点是：它们的分子中包含有_____和_____。因此，氨基酸的结构可以用以下通式表示：_____。
5. 组成蛋白质的元素除了 C、H、O、N 以外，还含有少量的_____和微量的及其他元素。蛋白质的平均氮含量为_____。

二、选择题

1. 蔗糖水解将产生（　　）。
   A. 仅有葡萄糖　　B. 果糖和葡萄糖　　C. 乳糖和葡萄糖　　D. 果糖和乳糖
2. 两个葡萄糖结合形成（　　）。
   A. 麦芽糖　　B. 蔗糖　　C. 乳糖　　D. 纤维素
3. 关于糖类化合物的叙述错误的是（　　）。
   A. 是一类重要的天然有机化合物
   B. 是由碳、氢、氧三种元素组成的
   C. 又称为碳水化合物
   D. 糖类化合物分子中的氢原子和氧原子的数量比与水一样都是 2∶1
4. 下列化合物属于戊糖的是（　　）。
   A. 脱氧核糖　　B. 果糖　　C. 蔗糖　　D. 麦芽糖
5. 在生物体内，果糖极易转变为（　　）。
   A. 葡萄糖　　B. 麦芽糖　　C. 蔗糖　　D. 乳糖
6. 下列糖类属于多糖的是（　　）。
   A. 淀粉　　B. 麦芽糖　　C. 蔗糖　　D. 葡萄糖

7. 蔗糖的同分异构体是(   )。
   A. 葡萄糖   B. 果糖   C. 麦芽糖   D. 纤维素

8. 下面哪一项是蛋白质变性的条件？(   )
   A. 硫酸铵溶液   B. 硫酸镁溶液   C. 硫酸铜溶液   D. NaCl 盐溶液

9. 以下哪一项不是蛋白质变性的条件？(   )
   A. NaOH   B. H_2SO_4 C. $MgSO_4$ D. $AgNO_3$

10. 蛋白质溶液在做如下处理后，仍不丧失生理作用的是(   )。
    A. 加氢氧化钠溶液   B. 加硫酸铵溶液
    C. 加浓硫酸   D. 用福尔马林浸泡

11. 下列有关氨基酸或蛋白质的叙述，正确的是(   )。
    A. 分子量最大的氨基酸是甘氨酸
    B. 蛋白质是组成叶绿体、高尔基体、核糖体等具膜结构的重要成分
    C. 某种肽酶可水解肽链末端的肽键，将多肽链分解为若干短肽
    D. 同种生物经分化形成的不同细胞内的蛋白质的种类和功能不同

12. 下列关于蛋白质的叙述错误的是(   )。
    A. 各种蛋白质的基本组成单位都是氨基酸
    B. 一切生命活动都离不开蛋白质
    C. 蛋白质是构成细胞和生物体的重要能源物质
    D. 组成每种蛋白质的氨基酸都有 20 种

13. 下列有关肽键的写法中，不正确的是(   )。
    A. —C(=O)—N(H)—   B. —CO—NH—   C. —C(=O)—N(H)(OH)—   D. —C(OH)—N(H)—

14. 下列分子中，与构成生物体蛋白质的氨基酸的分子式不相符的是(   )。
    A. $H_2N—CH(COOH)—CH_3$
    B. $H_2N—CH_2—CH_2—COOH$
    C. $H_2N—(CH_2)_4—CH(NH_2)—COOH$
    D. $H_2N—CH(CH_2CH_2COOH)—COOH$

15. 食物中的蛋白质经消化后的最终产物是(   )。
    A. 多种氨基酸   B. 各种多肽和氨基酸
    C. CO_2、H_2O 和尿素   D. 多种氨基酸、CO_2、H_2O 和尿素

三、用系统命名法命名下列氨基酸

1. $H_2N—CH(CH(CH_3)_2)—C(=O)—OH$

2. $H_2N—CH(CH_2CH(CH_3)_2)—C(=O)—OH$

3. 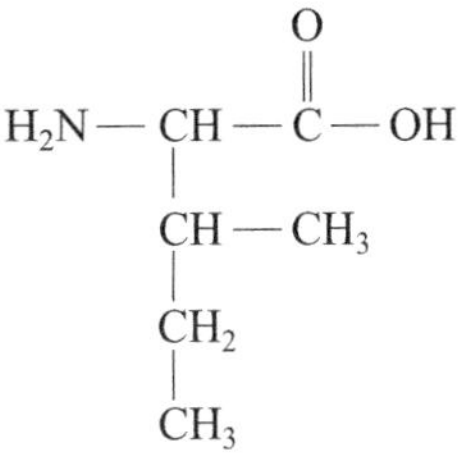 $H_2N-\underset{\underset{\underset{CH_3}{CH_2}}{CH-CH_3}}{CH}-\overset{O}{\underset{\|}{C}}-OH$

4.

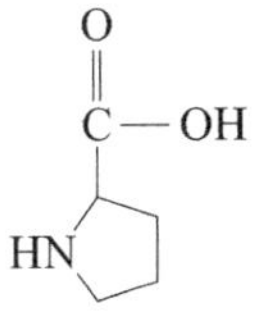

5. 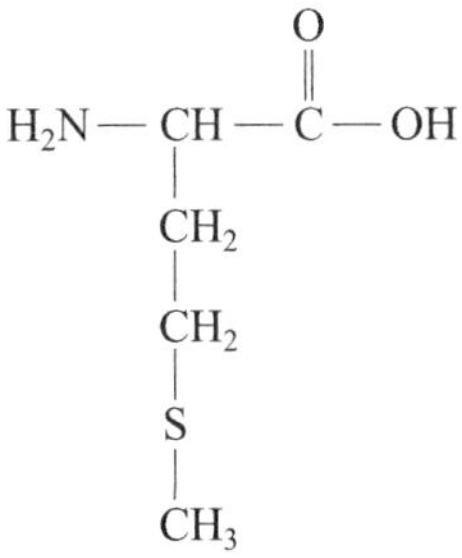 $H_2N-\underset{\underset{\underset{CH_3}{S}}{\underset{CH_2}{CH_2}}}{CH}-\overset{O}{\underset{\|}{C}}-OH$

四、根据名称写出下列化合物的构造式

1. 果糖的开链结构式

2. 色氨酸

3. 丙氨酸

五、实验探究题

蛋白质的空间结构遭到破坏，其生物活性就会丧失，这称为蛋白质的变性。高温、强碱、强酸、重金属等会使蛋白质变性。现利用提供的材料、用具设计实验，探究乙醇能否使蛋白质变性。

材料用具：质量分数为3%的可溶性淀粉溶液、质量分数为2%的新鲜淀粉酶溶液、蒸馏水、质量浓度为0.1g/mL的NaOH溶液、质量浓度为0.05 g/mL的$CuSO_4$溶液、无水乙醇、烧杯、试管、量筒、滴管、温度计、酒精灯。

(1) 实验步骤

① 取两支试管，编号为A、B。向A、B两试管中各加1mL新鲜的淀粉酶溶液，然后向A试管加_____，向B试管加5滴无水乙醇，混匀后向A、B两试管再加2mL可

溶性淀粉溶液；

②将两支试管摇匀后，同时放入适宜温度的温水中维持5min；

③_____；

④从温水中取出A、B试管，各加入1mL斐林试剂摇匀，放入盛有50～65℃温水的大烧杯中加热约2min，观察试管中的颜色变化。

（2）实验结果预测及结论

①_____，

说明乙醇能使淀粉酶（蛋白质）变性；

②_____，

说明乙醇不能使淀粉酶（蛋白质）变性。

（3）该实验的自变量是_____，对照组是_____。

六、用简便的化学方法鉴别下列各组化合物

1. 己六醇和葡萄糖

2. 麦芽糖和蔗糖

七、分析题

请根据下图，回答下列问题：

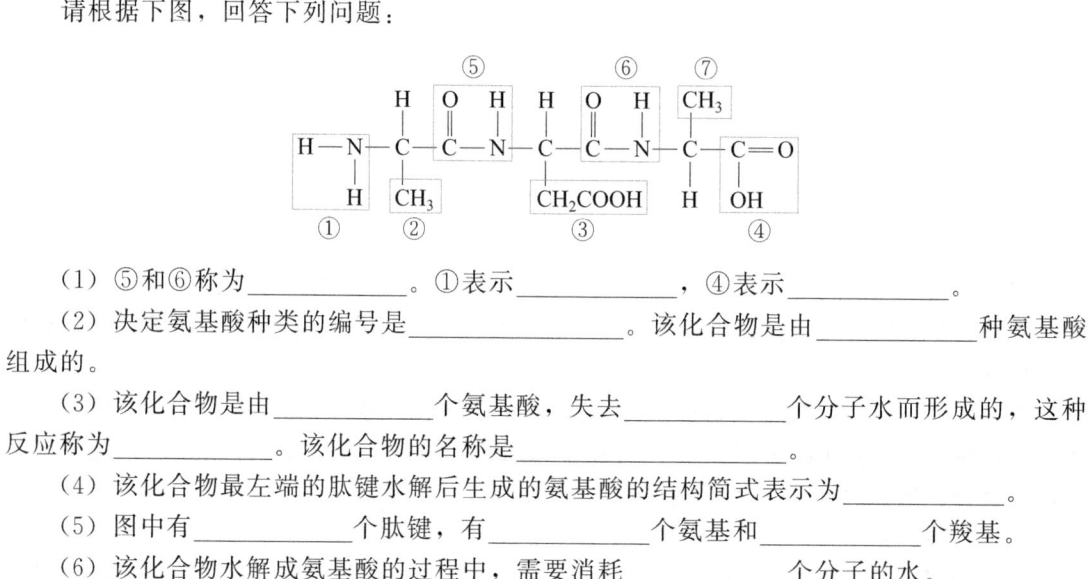

（1）⑤和⑥称为_____。①表示_____，④表示_____。

（2）决定氨基酸种类的编号是_____。该化合物是由_____种氨基酸组成的。

（3）该化合物是由_____个氨基酸，失去_____个分子水而形成的，这种反应称为_____。该化合物的名称是_____。

（4）该化合物最左端的肽键水解后生成的氨基酸的结构简式表示为_____。

（5）图中有_____个肽键，有_____个氨基和_____个羧基。

（6）该化合物水解成氨基酸的过程中，需要消耗_____个分子的水。

B组 练习题

一、填空题

1. 我们熟知的葡萄糖、蔗糖、淀粉、纤维素等都属于_____。
2. 从结构上看,糖类是_____或_____,或者水解后能生成_____或_____的化合物。
3. 直链淀粉遇碘溶液显_____,支链淀粉遇碘溶液显_____,此反应非常灵敏,因此常用于检验_____的存在。
4. 根据氨基酸侧链所连接的基团不同,氨基酸可分为_____、_____和_____。
5. 按照溶解度不同,蛋白质分为_____和_____。按照水解产物不同,蛋白质又分为_____和_____。

二、选择题

1. 水解麦芽糖将产生（　　）。
   A. 仅有葡萄糖　　B. 果糖＋葡萄糖　　C. 半乳糖＋葡萄糖　　D. 果糖＋半乳糖
2. 葡萄糖和果糖结合形成（　　）。
   A. 麦芽糖　　B. 蔗糖　　C. 乳糖　　D. 纤维素
3. 关于糖类化合物的叙述错误的是（　　）。
   A. 葡萄糖是生物界最丰富的糖类化合物
   B. 甘油醛是最简单的糖类化合物
   C. 糖类化合物又称碳水化合物
   D. 糖类化合物分子中的氢原子和氧原子的数量比与水一样都是2∶1
4. 糖类的生理功能是（　　）。
   A. 提供能量　　　　　　　　　B. 蛋白聚糖的组成成分
   C. 构成细胞膜组成成分　　　　D. 提供热量
5. 下列化合物不属于糖类化合物的是（　　）。
   A. 脱氧核糖　　B. 鼠李糖　　C. 蔗糖　　D. 乳酸
6. 下列糖类属于单糖的是（　　）。
   A. 淀粉　　B. 麦芽糖　　C. 纤维素　　D. 葡萄糖
7. 麦芽糖的同分异构体是（　　）。
   A. 葡萄糖　　B. 果糖　　C. 蔗糖　　D. 纤维素
8. 下面哪一项不是蛋白质变性的条件？（　　）
   A. 紫外光照射　　B. 加热　　C. 浓酸　　D. NaCl盐溶液
9. 以下哪一项不是蛋白质盐析的条件？（　　）
   A. 硫酸铵　　B. 氯化钠　　C. 硫酸镁　　D. 硫酸铜
10. 可用于蛋白质鉴定的反应是（　　）。
    A. 缩二脲反应　　B. 茚三酮反应　　C. 黄蛋白反应　　D. 变性反应

11. 生命活动离不开蛋白质，下列关于蛋白质及氨基酸的叙述，正确的是（　　）。
    A. 成人体内能合成生命活动所需的 20 种氨基酸
    B. 细胞中氨基酸种类和数量相同的蛋白质是同一种蛋白质
    C. 如果有足量的三种氨基酸，则它们能形成多肽的种类最多是 27 种
    D. 人血红蛋白含 574 个氨基酸，4 条肽链，合成一分子该蛋白质需脱去 570 个水分子

12. 生物体内的蛋白质千差万别，其原因不可能是（　　）。
    A. 组成肽键的化学元素不同　　　　B. 组成蛋白质的氨基酸种类和数量不同
    C. 氨基酸排列顺序不同　　　　　　D. 蛋白质的空间结构不同

13. 两个氨基酸缩合成肽并生成水，这个水分子中的氧原子来自氨基酸的（　　）。
    A. 氨基　　　　B. 羧基　　　　C. R 基　　　　D. 氨基和羧基

14. 20 种氨基酸在分子结构上的主要区别是（　　）。
    A. 碱基的数量不同　　　　　　　　B. 羧基的数量不同
    C. 氨基和羧基与 C 连接的位置不同　D. 侧链基团（R 基）的结构不同

15. 同为组成生物体蛋白质的氨基酸，酪氨酸几乎不溶于水，而精氨酸易溶于水，这种差异的产生，取决于（　　）。
    A. 两者 R 基团组成的不同　　　　　B. 两者的结构完全不同
    C. 酪氨酸的氨基多　　　　　　　　D. 精氨酸的羧基多

三、用系统命名法命名下列氨基酸

1. $H_2N-CH-C-OH$
        $|$ $\|$
        CH_2 O
        $|$
        SH

2. $H_2N-CH-C-OH$
        $|$ $\|$
        CH_2 O
        $|$
        (苯环)

3. $H_2N-CH-C-OH$
        $|$ $\|$
        CH_2 O
        $|$
        (苯环)
        $|$
        OH

4. $H_2N-CH-C-OH$
        $|$ $\|$
        CH_2 O
        $|$
        (吲哚环)
        HN

5. 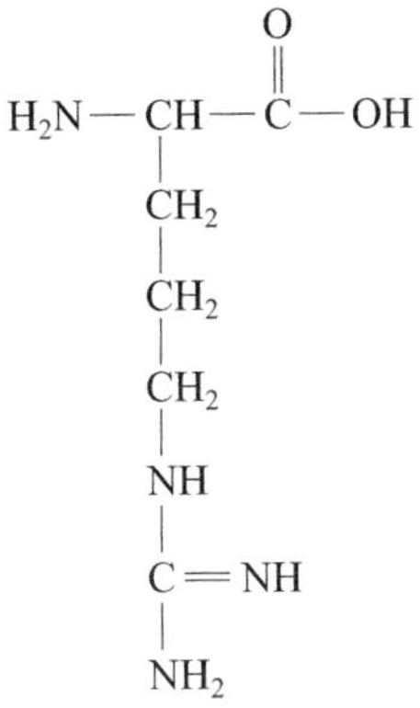
$$H_2N-CH-C(=O)-OH$$
$$|$$
$$CH_2$$
$$|$$
$$CH_2$$
$$|$$
$$CH_2$$
$$|$$
$$NH$$
$$|$$
$$C=NH$$
$$|$$
$$NH_2$$

四、根据名称写出下列化合物的构造式

1. 葡萄糖开链式

2. 二肽

3. 甘氨酸

4. 亮氨酸

五、实验探究题

重金属离子会导致蛋白质分子变性，某小组进行实验探究铜离子对唾液淀粉酶活性的影响，步骤如下，请回答问题：

1. 实验步骤

① 取两支洁净的试管，编号为 A、B，A 管加入 1% $CuSO_4$ 溶液和 pH＝6.8 的缓冲液各 1mL，B 加入_____各 1mL。

② 往两支试管各加入等量相同浓度的唾液淀粉酶溶液 1mL。

③ 往两支试管各加入等量相同浓度的淀粉溶液 1mL。

④ _____。

⑤ 取出试管，各加入碘液 3 滴，观察颜色变化。

2. 讨论与分析

（1）加入缓冲液的作用是_____。

（2）有同学提出由于 $CuSO_4$ 溶液呈蓝色，用上述步骤的检测方法可能会对实验结果产生干扰，请你提出另外的一种结果检测方法并预估实验结果。

① 检测方法：_____。

② 预估结果为 A 管：_____；B 管：_____。

六、用简便的化学方法鉴别下列各组化合物

1. 葡萄糖和蔗糖

2. 淀粉和纤维素

七、分析题

肉毒梭菌（厌氧性梭状芽孢杆菌）是致死性最高的病原体之一，广泛存在于自然界中。肉毒梭菌的致病性在于其产生的神经麻痹毒素，即肉毒类毒素。

它是由两个亚单位（每个亚单位由一条链盘曲折叠而成）组成的一种生物大分子，1mg 可毒死 20 亿只小鼠，煮沸 1min 或 75℃下加热 5～10min，就能使其完全丧失活性。可能引起肉毒梭菌中毒的食品有腊肠、火腿、鱼及鱼制品、罐头食品、臭豆腐、豆瓣酱、面酱、豆豉等。下面是肉毒类毒素的局部结构简式：

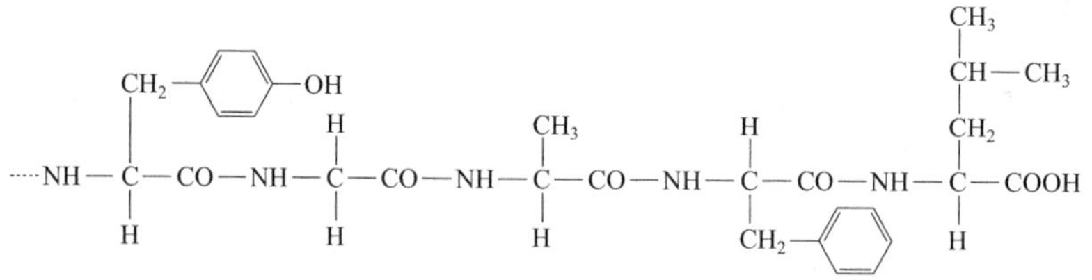

请据此回答：

（1）肉毒类毒素的化学本质是_____，其基本组成单位的结构通式是_____。

（2）高温可使肉毒类毒素失活的主要原理是_____。

（3）由上述结构简式可知，该片段由_____种单体组成，有_____个肽键，在形成该片段时要脱去_____分子水。

（4）一分子肉毒类毒素至少含有_____个氨基和_____个羧基。

（5）肉毒类毒素可用_____试剂鉴定，该试剂使用方法是_____，反应颜色为_____。

第十四章 高分子化合物

> **A组**
> 练习题

一、填空题

1. 高分子又称_____，其分子量很高，从_____到_____不等。
2. 缩聚反应同时具备缩合出_____和聚合成_____的双重特征。
3. _____，_____，_____等都是人工合成高分子，它们又被称为_____。
4. 按照塑料的受热行为和是否具备反复成型的加工性，塑料又分为_____塑料和_____塑料两大类。按照塑料的使用范围和用途，塑料又可分为_____和_____。
5. 聚酰胺纤维简称_____，俗称_____，又叫_____。

二、选择题

1. 下列对合成材料的认识不正确的是（　　）。
   A. 有机高分子化合物称为聚合物或高聚物，是因为它们大部分由小分子通过聚合反应而制得的
   B. 高分子化合物 H$\mathrm{\!+\!O\!-\!CH_2\!-\!CH_2\!-\!O\!-\!\overset{O}{\underset{\|}{C}}\!-\!\!\!\bigcirc\!\!\!-\!\overset{O}{\underset{\|}{C}}\!\!\!\!\dashv_n$OH 的单体是 HOCH$_2CH_2$OH 与 HOOC—〇—COOH
   C. 聚乙烯 $\mathrm{\!+\!CH_2\!-\!CH_2\!\dashv_n}$ 是由乙烯加聚生成的纯净物
   D. 高分子材料可分为天然高分子材料和合成高分子材料两大类
2. 在以下化合物中，可作为高分子化合物 $\mathrm{\!+\!CH_2\!-\!CH(CH_3)\!-\!CH_2\!-\!CH_2\!\dashv_n}$ 的单体的是（　　）。
   A. CH$_3$—CH=CH$_2$ 和 CH$_2$=CH—CH=CH$_2$
   B. CH$_2$=CH$_2$ 和 CH$_2$=CH—CH=CH$_2$
   C. CH$_3$—CH$_2$—CH=CH$_2$ 和 CH$_2$=CH—CH$_3$

D. $CH_2=CH_2$ 和 $CH_2=CH-CH_3$

3. 下列关于乙烯和聚乙烯的叙述中正确的是（ ）。
   A. 二者都能使溴水褪色，性质相似
   B. 二者互为同系物
   C. 二者最简式相同
   D. 二者分子组成相同

4. "不粘锅"的内层其实是在金属锅的内壁涂了一层聚四氟乙烯，故而不粘食物。以下对聚四氟乙烯的叙述错误的是（ ）。
   A. 它在加热时不容易燃烧
   B. 其中的 C—F 键非常稳定
   C. 它的单体含有 \>C=C\< 键
   D. 其链节含有 \>C=C\< 键

5. 下列物质中既能发生加成、加聚反应，又能发生缩聚反应的是（ ）。
   A.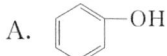
   B. $CH_2=CH-\underset{OH}{CH}-CH_2-COOH$
   C. $CH_2=CH-CH_2-COOH$
   D. $CH_2-\underset{OH}{CH}=CH-CH_2-O-CH_3$

6. 下列聚合物按密度由大到小排列正确的是（ ）。
   A. 聚乙烯＞聚四氟乙烯＞聚丙烯
   B. 聚丙烯＞聚乙烯＞聚四氟乙烯
   C. 聚四氟乙烯＞聚乙烯＞聚丙烯
   D. 聚四氟乙烯＞聚丙烯＞聚乙烯

7. 下列聚合物中可以用作树脂镜片的材料的是（ ）。
   A. 聚乙烯
   B. 聚氯乙烯
   C. 聚四氟乙烯
   D. 聚碳酸酯

8. 由一种单体经过加聚反应生成的聚合物称为（ ）。
   A. 均聚物
   B. 共聚物
   C. 缩聚物
   D. 加聚物

9. 聚乙烯的链节是（ ）。
   A. 乙烯分子
   B. $-CH_2-$
   C. $-CH_2-CH_2-$
   D. CH_3-CH_3

10. 高分子化合物具有的特性是（ ）。
    A. 透气性
    B. 遇水性
    C. 导电性
    D. 弹性

三、写出下列高分子的商品俗名和聚合物名称

1. $+NH-(CH_2)_5-\overset{O}{\underset{}{C}}+_n$

2. $+OH_2CH_2CO-\overset{O}{\underset{}{C}}--\overset{O}{\underset{}{C}}+_n$

3. $+CH_2-\underset{CN}{CH}+_n$

4. $+CH_2-\underset{Cl}{CH}+_n$

5. $+H_2C-\underset{CH_3}{CH}+_n$

四、根据名称写出下列化合物的构造式

1. 聚乙烯

2. 聚苯乙烯

3. 酚醛树脂

4. 乙丙橡胶

5. 双酚 A 型环氧树脂

6. 聚丁二烯

五、完成下列反应式

1. $n\ CH_2=CH-CH=CH_2 \xrightarrow{均聚}$

2. $n\ H_2C=CH-CN \xrightarrow{均聚}$

3. $n\ H_2C=CH-CH_3 \longrightarrow$

4. $n\ H_2C=C(CH_3)(COOCH_3) \longrightarrow$

5. $n\ (C_6H_5OH + HCHO) \longrightarrow$

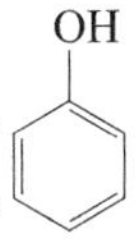

6. $n\ H_3C-CH=C(H)-CH_3 \longrightarrow$

7. $n\ (H_2N-\underset{\underset{O}{\|}}{C}-NH_2 + HCHO) \longrightarrow$

8. $n\ (CH_2=CH_2 + CH_2=CH-CH_3) \longrightarrow$

9. $n\ F_2C=CF_2 \longrightarrow$

10. $n\ H_2C=CH(COOCH_3) \longrightarrow$

六、各举三例说明下列聚合物

1. 天然无机高分子、天然有机高分子、生物高分子

2. 碳链聚合物、杂链聚合物

七、根据题意，回答问题

根据系统命名法，天然橡胶应称为聚 2-甲基-1,3-丁二烯，其结构简式为：$-[H_2C-\underset{CH_3}{C}=CH-CH_2]_n-$，单体为 2-甲基-1,3-丁二烯 $(H_3C-\underset{CH_3}{C}=CH-CH_3)$，该加聚反应的化学方程式为：

$$n\ H_3C-\underset{CH_3}{C}=CH-CH_3 \xrightarrow{催化剂} -[H_2C-\underset{CH_3}{C}=CH-CH_2]_n-$$

合成橡胶就是根据以上原理生产的。根据以上信息回答下列问题：

(1) 以 $CH_2=CH-\underset{Cl}{C}=CH_2$ 为单体生产氯丁橡胶，试写出该反应的化学方程式：_____。

(2) 1,3-丁二烯（$CH_2=CH-CH=CH_2$）和苯乙烯 $(C_6H_5-CH=CH_2)$ 按物质的量之比为 1∶1 加聚，可生产丁苯橡胶，试写出丁苯橡胶的结构简式：_____。

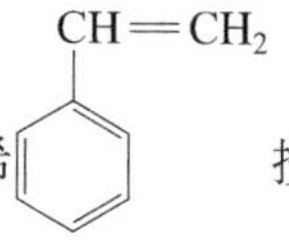

(3) 丁腈橡胶的结构简式为：$-[CH_2-CH=CH-CH_2-CH_2-\underset{CN}{CH}]_n-$，合成该橡胶的单体为：_____、_____。

B组
练习题

一、填空题

1. 乙烯单体经过_____、_____和_____三个过程聚合成聚乙烯。
2. 加成聚合又叫_____，按照参加反应的单体种类的多少，加聚反应分为_____和_____。
3. 按照分子链的结构分类，可分为_____高分子化合物和_____高分子化合物。
4. 尼龙、涤纶、腈纶，并称为_____；_____和_____统称为化学纤维。
5. 聚酯纤维简称_____，又叫_____，俗称_____，也是一种理想的纺织材料。

二、选择题

1. 下列高聚物是缩聚产物而不是加聚产物的是（　　）。

   A. $\{CH_2-CH(C_6H_5)\}_n$
   B. $\{CH_2-CH=CH-CH_2\}_n$
   C. $\{HO-CO-C_6H_4-CH_2O\}_nH$
   D. $\{H_2C-CH_2O\}_n$

2. 某高分子材料的结构简式为 $\{CH(C_6H_5)-CH_2-CH(CH_3)-CH_2-CH=C(C_6H_5)\}_n$，则组成该化合物的单体可能为（　　）。

   ① $C_6H_5-CH=CH_2$ 　② $CH_2=CH_2$ 　③ $C_6H_5-C\equiv CH$
   ④ $CH_2=CHCH_3$ 　⑤ $CH_2=CH-CH=CH_2$

   其中正确的组合是（　　）。

   A. ①②③　　B. ①③④　　C. ③④⑤　　D. ②③⑤

3. 聚合物 $\{-O-CO-CH(CH_3)-O-CO-CH(CH_3)-O-CO-CH(CH_3)-O-CO-CH(CH_3)-\}$ 可被人体吸收，常作为外科缝合手术的材料，该物质由下列哪种物质聚合而成？（　　）

   A. $CH_3CH(OH)COOH$
   B. $HCOOCH_2OH$
   C. $HOCH_2CH_2COOH$
   D. $HOCH(CH_3)COOCH(CH_3)CH_2OH$

4. 下列化学方程式书写正确的是（　　）。

A. $n\text{CH}_2=\text{CH}-\text{CH}_3 \xrightarrow{\text{催化剂}} -[\text{CH}_2-\text{CH}_2-\text{CH}_2]_n-$

B. $n\text{CH}_2=\underset{\underset{\text{Cl}}{|}}{\text{CH}} \xrightarrow{\text{催化剂}} -[\text{CH}_2-\underset{\underset{\text{Cl}}{|}}{\text{CH}}]_n-$

C. $-[\text{CH}_2-\underset{\underset{O-\underset{\underset{O}{\|}}{C}-\text{CH}_3}{|}}{\text{CH}}]_n- + n\text{H}_2\text{O} \xrightarrow{\text{催化剂}} -[\text{CH}_2-\underset{\underset{\text{OH}}{|}}{\text{CH}}]_n- + \text{CH}_3\text{COOH}$

D. $n\text{CH}_2=\text{CH}-\text{CH}=\text{CH}-\text{CH}_3 \xrightarrow{\text{催化剂}} -[\text{CH}_2-\text{CH}=\text{CH}-\text{CH}_2-\text{CH}_2]_n-$

5. 下列对于有机高分子化合物的叙述错误的是（　　）。
   A. 高分子化合物可分为天然高分子化合物和合成高分子化合物两大类
   B. 高分子化合物的特点之一是组成元素简单、结构复杂、分子量大
   C. 高分子化合物均为混合物
   D. 合成有机高分子大部分是由小分子化合物通过聚合反应而制得的

6. 下列塑料品种中阻燃性最高的品种是（　　）。
   A. 聚酰胺　　　B. 聚乙烯　　　C. 聚四氟乙烯　　　D. 聚丙烯

7. 在下列塑料中，属于热固性塑料的是（　　）塑料。
   A. 聚氯乙烯　　　B. 聚乙烯　　　C. 不饱和聚酯　　　D. 聚丙烯

8. 下列命名为商品名称的是（　　）。
   A. 酚醛树脂　　　B. 尼龙　　　C. 硅橡胶　　　D. 聚乙烯

9. 下列物质不属于高分子化合物的是（　　）。
   A. 淀粉　　　B. 蛋白质　　　C. 纤维素　　　D. 油脂

10. 在高分子化合物中，连接链节之间的化学键是（　　）。
    A. 离子键　　　B. 共价键　　　C. 配位键　　　D. 氧键

三、用"聚"字命名下列化合物，并写出英文缩写名称

1. $-[\text{H}_2\text{C}-\underset{\underset{\text{CH}_3}{|}}{\text{CH}}]_n-$

2. $-[\text{H}_2\text{C}-\underset{\underset{\text{Cl}}{|}}{\text{CH}}]_n-$

3. $-[\text{H}_2\text{C}-\underset{\underset{\text{C}_6\text{H}_5}{|}}{\text{CH}}]_n-$

4. $-[\text{H}_2\text{C}-\underset{\underset{\text{COOCH}_3}{|}}{\overset{\overset{\text{CH}_3}{|}}{\text{C}}}]_n-$

5. $-[\text{H}_2\text{C}-\underset{\underset{\text{CN}}{|}}{\text{CH}}]_n-$

四、根据名称写出下列化合物的构造式

1. 聚丙烯

2. 聚四氟乙烯

3. 聚丙烯腈

4. 聚甲基丙烯酸甲酯

5. 丁腈橡胶

6. 醇酸树脂

五、完成下列反应式

1. $n\,CH_2=CH_2 \ + \ n\,CH_2=CH-CH_3 \xrightarrow{\text{共聚}}$

2. $n\,CH_2=CH-CH=CH_2 \ + \ n\,HC=CH_2 \xrightarrow{\text{共聚}}$
   $\qquad\qquad\qquad\qquad\qquad\qquad\quad |$
   $\qquad\qquad\qquad\qquad\qquad\qquad\ CN$

3. $n\,CH_2=CH$
   $\qquad\ \ |$
   $\qquad\ CN$

   $n\,H_2C=CH-CH=CH_2 \xrightarrow{\text{引发剂}}$

   $n\ $ CH=CH$_2$（苯环）

4. $n\,H_2C=CH$（苯环）$\longrightarrow$

5. $n\left(\begin{array}{c}CH_2-CH-CH_2 \\ |\quad\ \ |\quad\ \ | \\ OH\ \ OH\ \ OH\end{array} + \text{邻苯二甲酸酐}\right) \longrightarrow$

6. $n\left(HO-\text{C}_6\text{H}_4-\underset{\underset{CH_3}{|}}{\overset{\overset{CH_3}{|}}{C}}-\text{C}_6\text{H}_4-OH \ + \ CH_2-CH-CH_2Cl\atop \diagdown O\diagup\right) \longrightarrow$

7. $n\ H_2C=CH-CN \longrightarrow$

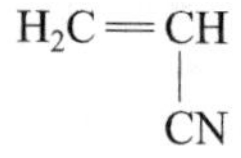

8. $n\ H_2C=CH-CH=CH_2 \longrightarrow$

9. $n\left(H_2C=CH-CH=CH_2 + C_6H_5-CH=CH_2\right) \longrightarrow$

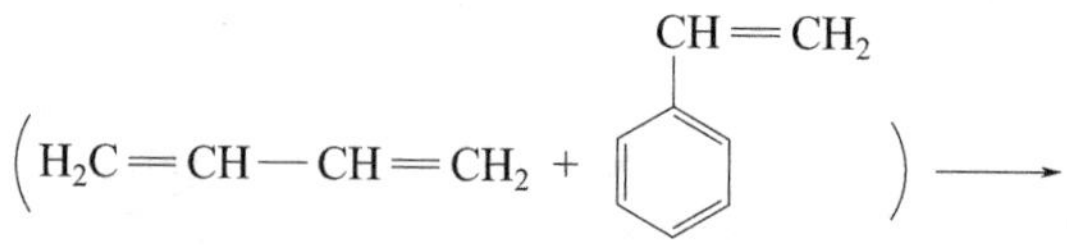

10. $n(H_2C=CH-CH=CH_2 + CH_2=CH_2) \longrightarrow$

六、各举三例说明下列聚合物

（1）天然无机高分子、天然有机高分子、生物高分子

（2）塑料、橡胶、化学纤维、功能高分子

七、根据题意，回答问题

有一种能在空气中燃烧并冒出大量黑烟的合成树脂 A。为测定 A 的成分，使它在充满稀有气体的密闭容器中进行热分解（目的是防止 A 燃烧），获得一种烃 B，B 的分子和 A 的链节组成相同，室温下 B 与溴水反应时，生成物只有一种，溴化物的最简式为 C_4H_4Br，分子量为 264。根据题意推断计算：

（1）B 的溴化物的分子式；

（2）B 的分子量、分子式和结构简式；

（3）写出 B 聚合生成 A 的化学反应式。

定价：49.00元(含练习册)